U0361269

世图心理

博客：http://blog.sina.com.cn/bwpcpsy
微博：http://weibo.com/wpcpsy

身份认同与人格发展

[美]爱利克·埃里克森（Erik H. Erikson）著

王东东 胡蘋 译

世界图书出版公司
北京·广州·上海·西安

图书在版编目（CIP）数据

身份认同与人格发展 /（美）爱利克·埃里克森著；王东东，胡蘋译 .—北京：世界图书出版有限公司北京分公司，2021.7（2024.8重印）
ISBN 978-7-5192-8086-4

Ⅰ．①身… Ⅱ．①爱… ②王… ③胡… Ⅲ．①儿童心理学—人格心理学—研究 Ⅳ．① B844.1

中国版本图书馆 CIP 数据核字（2021）第 044339 号

Identity and the Life Cycle
By Erik H. Erikson
Copyright © 1980 by W. W. Norton & Company, Inc.
Copyright © 1959 by International Universities Press, Inc.
First published as a Norton paperback 1980.
Simplified Chinese edition © 2021 by Beijing World Publishing Corporation.
All rights reserved.

书　　名	身份认同与人格发展 SHENFEN RENTONG YU RENGE FAZHAN
著　　者	［美］爱利克·埃里克森
译　　者	王东东　胡　蘋
责任编辑	詹燕徽
封面设计	蚂蚁字坊
出版发行	世界图书出版有限公司北京分公司
地　　址	北京市东城区朝内大街 137 号
邮　　编	100010
电　　话	010-64038355（发行）　64033507（总编室）
网　　址	http://www.wpcbj.com.cn
邮　　箱	wpcbjst@vip.163.com
销　　售	新华书店
印　　刷	三河市国英印务有限公司
开　　本	787 mm × 1092 mm　1/32
印　　张	7.5
字　　数	170 千字
版　　次	2021 年 7 月第 1 版
印　　次	2024 年 8 月第 4 次印刷
版权登记	01-2014-1501
国际书号	ISBN 978-7-5192-8086-4
定　　价	58.00 元

版权所有　翻印必究
（如发现印装质量问题，请与本公司联系调换）

本书英文版首次刊发于1959年,作为《心理学期刊》(*Psychological Issues*)第一卷第一篇专著,由国际大学出版社(International Universities Press)刊行。

英文版第一版前言

选择一些作品并将其重新发表通常需要充足的理由。这本专著中包含的篇章是为了满足某种需求而呈现的原始资料——不同专业领域的人都对这种需求非常执着。正是这种需求催生了最新刊行的《心理学期刊》。

本书的主题即由个体发展规律和社会组织规律确定的人类生命周期和发展各阶段独特的驱动力。在精神分析领域中，这个主题至今没能走出童年。仅有的几篇相关文章也只是在描述青年独特的社会心理任务，即身份认同的形成，以及勾勒这一领域中已经完成的工作。

我的著作，从本质上讲，对理论做出了不同的贡献。第一个篇章［它是一篇临床笔记的节选，事实上早于我的《童年与社会》（*Childhood and Society*）完成，并为其提供了原始资料］描述了来源于"应用性"工作的治疗观察与印象。应用性工作引导临床治疗师对他的前提假设进行再思考。这里的"应用"不仅是指精神分析的假设在其他领域的应用——例如印第安人教育、战争工作，以及纵向的儿童研究——还包括人们在这些领域中的观察。临床治疗师带着沟通和服务的目的去接近这些"应用"的机会，他的观察习惯中可以包含任何理论。逐渐地，有一点变得清晰起来：临床治疗外的应用催生了一种对临床理论的新看法。

第二个篇章《健康人格的成长与危机》的诞生则应归功于另一个挑战。一群儿童发展领域的专家被指定为1950年的白宫会议研究小组准备一份儿童心理健康方面的概述——包括已经得到证实的事和有潜力的理论。他们请求作者（本人——既是一名临床医生，又是一位美国公民）在截止日期前依据此目的重新表述他在《童年与社会》一书中关于"健康人格"发展的观点。我克服了对理论不成熟和正常架构可能被误用的担忧，请琼·埃里克森（一名母亲和教育工作者）予以帮助，详细阐述了一些临床上的深刻见解。深刻的见解当然是临床工作中一个必要的组成部分。然而，在阐述它时，还必须包括（不是忽略）在临床上使用的一切已被验证的知识、连贯的理论及治疗的方法（Erikson，1958b）。本文在结构上与提交给白宫会议研究小组的那篇大体相同。不过，我对其做出了一些改动，将某些易被忽略的重点内容以斜体突出，同时新增了一些脚注。

第三个篇章《自我认同的问题》的读者群与前两篇的不同。美国精神分析学会计划委员会（the program committee of the American Psychoanalytic Association）邀请我在年终会议的分会场上针对这个主题进行详细阐释。我在这篇作品中引用了很多精神分析理论和治疗技术方面的内容——基于此，我也给专家留下了超心理学（metapsychological）问题。

这三个篇章的差异在于，它们描述的是临床思维中三个相连的步骤。它们逐步收缩了社会心理发展问题的范围：从一般的临床印象，到社会心理阶段的最初轮廓，最后到某一阶段——青春期的详细描述。我们在未来的研究中，必须聚焦于通过这种研究方式得出的几个生命阶段的比较，并最终转向这些研究的内涵，从而理解整个人类生命周期。

其他领域的工作者可以从本书的参考文献中找到许多跨学科会议的文章。这些文章都对我的概念进行了引用和讨论（Erikson，1951a，1953，1955a，1955b，1956，1958c；Erikson & Erikson，1957）。如今，跨越学科和地域的直接的口头交流和社会交流在很大程度上正在取代单独、细致的书本学习。因此，带有适当变化的重复就显得不可避免。我的《童年与社会》和《青年路德》（*Young Man Luther*）展示了我自己将临床方法和应用方法进行融合的水平。然而，临床心理治疗师将注意到，我只是在最近几年由于历史觉知的扩大，才开始认真关注临床证据（Erikson，1954，1958b）和治疗方法的问题。基于此，这本专著追溯了一个临床工作者的部分工作路径，并真实地呈现了一个迄今尚未得到解决的心理问题。

英文版第二版前言

将二十年前写的作品放到今年,即1979年再版,需要有"充足的理由"。事实上,尽管本书里的部分内容也被收入了《自我认同:青少年与危机》(Identity: Youth and Crisis)一书中,但我的出版商认为第一版前言中提到的"充足的理由"仍然有效,即人们对这些早期的作品合集似乎有着"永恒的需求"。我唯一能肯定的是,我那时所谓"临床工作者的路径"的整个基调对于各个领域和各个国家的老师和学生似乎都有一些特别的吸引力。或许,原始的观察表明,曾经被认为互相隔绝的现象在新的情境中具有相似性,从而通向了我的一位朋友所说的表达的"真实性(authenticity)"——尽管这个概念的一些细节依然叫人捉摸不定,但这种真实的表达仍具有阅读价值。

在这部著作的第一版中,为了支持新刊行的《心理学期刊》,我已故的朋友戴维·拉伯波特撰写了一个长篇介绍:《精神分析自我心理学的历史回顾》(A Historical Survey of Psychoanalytic Ego Psychology,1957—1958)。他以弗洛伊德最初的思想为开端,将自我心理学的发展划分为四个阶段。其中第一阶段结束于1897年；最后一个阶段始于1930年代——安娜·弗洛伊德（1936）和海因茨·哈特曼（1939）完成了该阶段的主要工作。拉伯波特以令人折服的细节描述了这些阶段。这篇文章已经成为他一生中坚实而独立的一个部分，并被广大读者研习。该文的读者群与本书读者群有重叠但并不完全一致。拉伯波特对历史和术语的细节极为关注。但事实上，我和我的出版商认为，那些细节并非不可或缺，而且可能会迷惑许多读者——那些希望首先对我的自我心理（the ego psychology）理论和社会心理发展（psychosocial development）理论之间的关系做初步了解的人。因此，我们决定在这次重印时删掉拉伯波特文章中的大部分内容。

然而，在此，我满怀感激地摘录了他在文章中对我的心理学构想的地位所做的总结：

> 哈特曼的适应理论包含了现实-关系（reality-relation）的一般理论。他强调的是社会关系的特殊角色（Hartmann, 1939; Hartmann and Kris, 1945; Hartmann, Kris & Loewenstein, 1951），但并没有提供一个具体的、差异化的社会心理理论……
>
> 埃里克森围绕自我渐成论（the epigenesis of the ego）（1937, 1940a）、现实-关系理论（the theory of reality-relationships）（1945），特别是社会现实的角色理论（the theory of the role of social reality）进行阐述（1950b）。这些

都是他的社会心理发展理论（1950a）的核心，对自我心理学第三阶段中弗洛伊德的理论及哈特曼的阐述做出了补充。

埃里克森的理论勾勒了自我渐成论各阶段的顺序（1950b），从而具体地说明了哈特曼自我自发发展（autonomous ego development）的概念，也将弗洛伊德焦虑发展的概念普遍化了。

自我发展阶段的顺序与力比多发展阶段的顺序（1950a，第二章）一致，但广度超越了它，扩展到了整个生命周期（1950a，第七章）。在精神分析理论的历史上，这是第一次将生命周期的所有阶段涵盖在内，并为其提供了研究工具——这些阶段以往只被归入生殖成熟的概念……

自我发展的社会心理理论和哈特曼的适应理论（与之相对的是"文化主义"理论）的关键特性在于，它们为个体的社会发展提供了一个概念化的解释——这是在个体与渐成论各阶段的社会环境接触的过程中，通过追踪个体的社会遗传特征（the genetically social character of the human individual）的演变而形成的。因此，我们认为，社会规则并不是通过"训练"和"社会化"被嫁接到先天不喜欢社交的个体身上的。相反，社会是通过影响个体完成发展各阶段任务的方式而使他成为其中的一员……

埃里克森的理论（如弗洛伊德的多数理论一样）覆盖了现象学、特定的临床精神分析和一般的精神分析心理学等多方面，但并没有对它们做系统的区分。相应地，该理论中术语的概念重要性至今还不明确。因此，系统地阐述该理论，并澄清其术语的概念重要性是自我心理学未来的一项任务。

埃里克森的贡献在于对弗洛伊德理论做出的自然延伸。这和哈特曼的贡献是一致的——二者互为补充。但是，埃里克森在他的理论中更多地提及了弗洛伊德本我心理学的概念，较少提及弗洛伊德自我心理学的概念，鲜少提及哈特曼的理论。而哈特曼也从未试图与埃里克森的理论建立联系。自我心理学所面临的一个任务就是将他们的理论进行整合。

对于本书的读者而言，这些段落显然为我在三个篇章中所做的理论整合提供了一个支持性的评论。拉伯波特在结论中特别指出，我的术语缺少清晰的理论地位。最清楚地反映出这一点的恰是在本书中居于中心地位，却在之后的作品中很少出现的术语：身份认同。研究身份认同问题和生命周期问题的这条路径并不是要通向现存的自我心理学的某个支点。相反，正如拉伯波特提及的，在这些篇章中，这条路径正通向精神分析的社会心理发展理论。最近，我才应美国国家心理健康研究所（National Institute of Mental Health）的要求整合了目前存在的理论碎片。社会心理取向已经成了历史取向的一部分，它迫使我们最终将自我的运转（以及理解"自我"本质的企图）视为构成历史相关性的过程。这种趋势在我的《童年与社会》（1963年修订版）以及《青年路德》

中已经很明显。

正如开头所述，这本著作是首次尝试以临床观察的视角探索一个历史阶段下变化的族群精神（ethos）。但是，这仅意味着对某些心理障碍的征候学的（有时是相当片面的）强调。在某一特定时期，这些心理障碍盛行于某一少数群体，与该时期集体性和生产力方面的主流精神对立，类似于流行病。如何最终解释鼓舞人心的事物与令人困惑的事物之间的平衡，这一问题彰显了特定历史时期的独特性。对此我只在某些更进一步的传记类著作中尝试描述过。这些著作描述了拥有天赋的领导人与时代的互动，如甘地在中年时期影响了印度的命运（1969），在美国人身份认同形成的过程中杰弗逊提出了关于普遍角色的假设（1974）。至于日常生活中个体性和集体性的相互关系，则在我的一本关于游戏、仪式和政治的书（《游戏与理智》，1977）中得到了阐述。

可以说，本书完全是基于生命史和历史的相互影响这一构思而创作的。相应地，敏锐的临床观察和构思总是被许多可辨别的历史进程所引导。当专注于任何一个生命主题（比如形成身份认同）时，我们可能会被根植于个人史的动机所引导。我曾经加入过一个由来自科学、人文等不同领域的学者组成的群体，有机会概括某篇论文的自传体部分，并因此对我们个人生活和专业生活中一个最重要的概念的起源进行了反思。然而，与此同时，正如拉伯波特在上文中概括的，也恰如本书第一篇所证实的：我的治疗和理论课程都急需找到身份认同的概念。在我六十岁出头时，对身份认同问题的历史累积也曾到达一个令人难忘的顶峰。而事实上，我当时的主业是大学老师。

然而，本书更关注一个最基本的主题，即社会心理认同在人类生命周期的发展逻辑中所处的位置。这个主题孕育于二十世纪四五十年代。

目 录

英文版第一版前言　　002
英文版第二版前言　　005

第一篇　自我发展与历史变迁

群体认同与自我认同　　004
自我病理学与历史变迁　　013
自我的力量和社会病理学　　029

第二篇　健康人格的成长与危机

健康与成长　　050
基本信任对基本不信任　　054
自主对羞耻、怀疑　　066
主动对内疚　　078
勤奋对自卑　　089
身份认同对认同紊乱　　098
成年期的三个阶段　　106
结语　　112

第三篇 自我认同的问题

人物传记：G. B. S.（70岁）说萧伯纳（20岁）	119
遗传：身份与身份认同	131
病理描绘：关于认同紊乱的临床影像	147
社会：自我和环境	179
总结	200

附录：工作表	201
注释	203
参考文献	217

第一篇

自我发展与历史变迁

拥有相同的道德观且生活在同一个历史时期的人们，或拥有同样经济追求的人们会被同样的正面形象／负面形象所引导。在经历千变万化后，这些形象反映出历史变迁难以捉摸的本性。不可抗拒的正面形象或负面形象的原型将依据当代社会模型，在每个个体的自我发展中呈现出鲜明的具体性。精神分析自我心理学却并没有相应的充足理论来支持这种具体性。长久以来，人们一直忽略了一些简单的事实：每一个个体都是由母亲生下来的；每个人都曾经是婴儿；社会是由个体组成的；个体要经历从儿童到成人的发展……

精神分析只有与社会科学合作，才能描绘出始终与群体历史交织在一起的生命周期。因此，下文中的临床笔记将围绕儿童自我与当时历史原型的关系提出问题，进而呈现实例及理论思考。

群体认同与自我认同

1

　　弗洛伊德关于自我及其与社会关系的早期构想必然依赖于他采用流行方法分析同时代社会学构想所做的结论。事实上，弗洛伊德曾经在第一次讨论群体心理学时引用了社会学家勒庞在法国大革命后发表的言论，并在后来讨论精神分析时对该言论做了评价。弗洛伊德认为，勒庞所说的"大众（masses）"是指由失意、懒散的暴徒组成的群体，他们享受两个社会阶层之间的无政府主义状态，其最佳形态也不过是有领导的暴徒。只有这种暴徒的存在，才使弗洛伊德的解释得以成立。然而，在社会学的观察结果和精神分析获取的材料之间还存在一道鸿沟——个体的历史在治疗的二人世界中，在移情和反移情的证据基础上被重构了。而导致此结果的方法论上的差异则使一个人为的差别持续地存在于精神分析中，存在于家庭（或者说似乎被家庭在"外部世界"的投射所包围的）个体与群体（或者说被淹没于茫茫人海的）个体之间。[1]在很长一段时间内，由于受到"社会因素"的制约，社会组织的现象、概念及其与自我的关系都被人们置之不理。

通常，人们首先会通过自我这个概念为人熟知的对立面，即生物的本我和社会的"群众"的定义来对其加以描述：自我，居于个体有组织的经验和合理规划的中心，受到混乱无序的原始本能和不被规则约束的群体精神的威胁。有人可能会说，康德赋予高尚市民的坐标是"头顶的星空"和"心中的道德"，而早期的弗洛伊德则在同样的地方将充满恐惧的自我置于内部的本我和外部的暴徒之间。

考虑到人类不牢固的道德，弗洛伊德提出了本我内部的自我理想原型或超我。于是重点再一次被置于自我的外来压力之上。超我，如弗洛伊德所指出的，是自我必须屈从的所有制约的内化。这个被强加到儿童身上的超我最初来源于父母的重要影响，到后期还来源于专业的教育工作者以及被弗洛伊德称为不确定的其他人的重要影响——这些构成了"周围的环境"和"公共舆论"（Freud，1914）。

儿童最初的单纯的自爱被反对者说成是妥协的结果。儿童寻找可以用来衡量自己的榜样，寻找幸福并试图复制幸福。他在成功处获得*自尊*，即最初的自恋和全能感的一个副本。

这些早期的概念模型对临床精神分析领域的讨论趋势和实践目标的影响从未停止过。[2]然而，精神分析研究的焦点还是转向了各种各样的遗传演变问题。我们从对无组织的群众或有领袖的暴徒群体的自我研究转向对有组织的社会生活中婴儿自我起源问题的研究。较之强调社会组织对儿童的否定,我们更愿意了解社会组织在保障婴儿的生存、用特定的方式管理婴儿的需求并诱使其形成一种特殊生活方式的同时,可能给予了婴儿什么。我们并不认为俄狄浦斯期的三位一体是人类非理性行为不可分解的图式。相反,我们通过探索社会组织决定家庭结构的共同方式来努力寻求更大的特异性。正如弗洛伊德在其生命晚期所述:"……(在超我中)起作用的不仅是父母的个人品行,还包括对他们产生决定性影响的一切——他们所属社会阶层的品位和准则,以及出身种族的特性和传统。"(Freud,1938)

2

弗洛伊德证明,性欲始于出生。他也给了我们一些工具,用以证明社会生活始于每个人生命的初始阶段。

我们中的一些人用这些工具研究所谓的原始社会。在这种社会中,儿童训练是与界定清晰的经济系统和少而稳定的社会原型结合在一起的。[3]因此,我们可以得出结论:这些群体中的儿童训练其实是一种手段。群体通过这种手段将组织经验的基本方式(即我们所说的群体认同)转移至婴儿早期的身体经验中,并由此进入婴儿早期的自我。

首先,让我简单引述我和梅克尔在几年前所做的人类学观察,以此来阐释群体认同的概念。我们描述了接受再教育的一支美国印第安部落——苏族的野牛猎人这一历史认同（现在已失去功能）是如何对抗他们的再教育者（即美国政府机构雇员）的职业和阶层认同的。我们指出，这些群体的认同是建立在具有极端差异的地理和历史条件［即集体的时空自我（collective ego-space-time）］及根本不同的经济目的和意义［即集体的生命规划（collective life plan）］之上的。

在苏族人残存的历史认同中，史前时期是一个强大的心理现实。被征服的部落似乎被一种生命规划所指引。这种生命规划包含着对现状的消极抵抗——残存的旧有经济认同无法整合入现实，还包含着对回归过去的希望——时间再次失去意义，空间不再受到限制，行为变得无限自由（centrifugal），野牛取之不尽。而他们的联邦教育者却在宣扬一种趋同的（centripetal）、本地化的生命规划——包括农庄、壁炉、银行存款在内的一切都从这种生命规划中获取意义。而在这种规划中，过去是被征服的；当下所有的成就都会为了（不断成为过去的）未来更高的生活标准做出牺牲。苏族人通向未来的路并不是外部的恢复，而是内部的改造。

显然，人类的每一项经验都会首先被某个群体中的一个成员所传承，进而被该群体的所有成员所分享、讨论，并根据它在相互渗透的规划中所处的位置获得定义。

原始社会的人们与生产的根源和意义有直接的关联，他们的工具是身体的延伸，他们群体内部的儿童要参与技术和巫术

（magic）的探索。对他们而言，身体与环境、童年与文化都充满了危险，又都属于同一个世界。他们的社会模型少而稳定。在我们的世界中，工具，即机器已不再是身体的延伸，反而将整个人类组织变为它的延伸；巫术只用于通灵；童年①变成了生命及民俗中的一个独立片段。文明的扩张、分层及专门化强迫儿童在变化、残缺和矛盾的原型上建立他们的自我模型。

3

成长的儿童必须意识到他掌握经验（即他的自我整合）的个人方式是群体认同的一种成功变式，也是与他们的时空性及生命规划相一致的；进而才能获得一种充满活力的现实感。

一个儿童刚发现自己能走时，会重复和完善行走的动作。但是，他似乎并不只是受到弗洛伊德性驱力（locomotor erotism）理论中力比多的驱动，或者受到艾夫斯·亨德里克工作原理（work principle）理论中控制需求的驱动。他还意识到"能够行走的他"所具有的新的地位和身份，以及行走这一行为在他所处文化的生命规划中的所有内涵——这意味着"他将成为走向远方的人"或"他将成为正直挺拔的人"，又或"他可能成为走得过远的人"。"成为能够行走的人"作为儿童发展的众多步骤中的一步，通过身体控制和文化意义的获得及功能性快乐和社会性认知

---

① 在本书中，"童年"并不是指童年期，而是指成年前的整个阶段。

的获得，为建立更有现实基础的自尊做出了贡献。儿童开始意识到，自我正通过学习有效的步骤迈向可触摸的共同未来，在社会现实内，清晰的自我正在形成。而仅仅通过婴儿全能感自恋式的支持（一种更加廉价的方式），是无法发展出这样一种信念的。我想将这种认识称为自我认同，并尝试将它作为主观经验和动态事实来加以说明，作为群体心理学现象及临床研究对象来进行阐述。

对自我认同的意识体验以两个同步的观测结果为基础：一是个体在一段时间内对一致性和连续性的直接感知；二是个体对其他人识别自己的一致性和连续性的同步感知。我所说的自我认同不仅指由自我认同所传递出的存在这一事实，还包括这种存在中的自我品质。

因此，自我认同在其主观层面上是对以下事实的觉知：（1）自我整合的方法存在一致性和连续性；（2）这些方法在守护个人对他人意义的一致性和连续性上是有效的。

4

尽管弗洛伊德将物理学的能量概念引入心理学具有不可估量的意义，但将本能能量的转移、替换、转化类比于物理学能量守恒的想法已经不足以帮助我们处理观测到的资料。

因此我们要跨越一道鸿沟，必须找到社会形象和生物动力之间的联结。这种联结不仅仅是指社会形象和生物动力在通俗意义上的"相互影响",更是指深层的群体与自我、族群认同与自我认同(特别是自我整合与社会组织)的相互补充。

苏族印第安人在宗教仪式达到高潮时,会用几根细棍穿透自己的胸部,把细棍的一头拴上绳子,将绳子的另一头系在杆子上,然后(在一种恍惚的状态下)向后舞动,直至绷紧的绳子将细棍从身体中抽离,喷涌而出的鲜血自由地流过身体。我们找到了这种极端行为的意义:对抗一些先被唤醒而后被大力挫败的幼稚的冲动。我们发现,这种"措施"在群体认同及个体发展中有决定性的意义。[4]这种宗教仪式明确地将"本我"和"超我"对立起来。这与我们的神经症病人失败的仪式一样。而约克族的仪式也有相似的意义。已经和女人发生性关系的约克族男子要进入一个汗蒸室,用火烘烤自己,然后挤过墙上凿出的一个椭圆形的洞,并跳入冰冷的河水中。于是,他认为自己再次变得纯洁而强大,能够网住神圣的鲑鱼。对于约克族,自尊和内在安全感显然是通过赎罪才得以保留的。而当他们完成了一年一度的公共工程,即在河上筑起大坝并获得了满足过冬需求的鲑鱼后,便沉溺于混乱的性关系中。显然,他们正在一年一度的狂欢中享受极度的放松,并将赎罪的念头抛在了脑后。但是,如果我们想定义为人熟知的两极之间相对平衡的状态,如果我们被问及一个平静地埋头于年复一年的日常琐事的印第安人的特征是什么,我们的描述就会缺乏一种恰当的参考框架。因此,我们只能寻找一些蛛丝马迹，寻找人们在任何时间、任何地点，在情感和理念的微小变化中经常存在的冲突。这些冲突通常显现于心境转换的过程中，即从一种模糊的焦虑性抑郁状态经由弗洛伊德所谓的"某种确定的中间状态"到达更强烈的幸福感的过程，以及与之相反的过程。但是，这个动态过程的中间状态是否过于微不足道——以至于我们只能指出它不是什么；或者只能声明在这个阶段，躁狂和抑郁都不明显，自我的战场上出现了短暂的平静，超我进入了暂时的停战状态，本我也同意休战？

在评价战争中的士气时定义各种"心理状态"间相对平衡的状态的必要性变得突出。我曾经有幸对一种极端环境中的人类行为——潜艇上的生活——做了一些观察。在这种环境中，人们情感的可塑性（emotional plasticity）及社会的灵活性（social resourcefulness）都受到了极大的考验。一名青春期的志愿兵带着英雄梦和性幻想开始了潜艇生活。琐碎繁重的工作、狭小受限的空间，以及在行动中承担的近乎盲、聋、哑的角色——总的来说，这些并没有证实他的梦和幻想。然而，在长期极端困难的条件下，为了生存和舒适感，艇上全体成员间极端的依赖和相互的责任感很快就取代了原先的幻想。艇长和艇员之间建立了一种并非只受正式条例约束的互利共生关系。依靠令人吃惊的技巧和天生的才智，无言的规约被制定出来。据此，艇长变成了这个由精密机器和人组成的水中有机组织的感觉系统、大脑和良心；全体艇员自发形成了补偿机制（例如，对充足的食物进行集体管控），以对抗单调生活和应对紧急行动。这种自发的对极端环境的适应从根本上形成了一种"可分析的感觉"。潜艇上存在着向原始游牧部落及口欲期嗜睡症的退行。但是，对于他们为何会选择这样的生活，为何能在超乎想象的单调和偶发的噩梦般的危险中坚持，尤其是为何仍能保持良好的健康状态和昂扬的精神，我们还无法给出令人满意的动力学答案。在精神病学的讨论中，尽管有与上例类似的证据，但"包括士兵和其他专职人员在内的全体成员都出现了退行，或者被潜在的同性恋或心理障碍的倾向所驱动"这一观点仍然常常遭受质疑。

潜艇上的官兵、劳动中的印第安人、发展中的儿童，以及那些在任何时间、任何地点都能感到与其所做之事融为一体的人们，他们的共同点就类似于那种"中间状态"。这种状态正是我们希望我们的儿童在长大后仍能保留的，也是我们的病人在恢复"自我的整合功能"（Nunberg，1931）时所获得的。我们知道，当个体获得这种状态后，他会在游戏中更加自由，会更加容光焕发，会有更加成熟的性生活，会觉得工作更加有意义。因此，我们认为，将精神分析的概念用于解决群体问题时，对于自我整合与社会组织的相互补偿的清晰理解可以帮助我们从治疗角度评价心理的中间状态。而对该状态的培养和扩展在更高层级的人类组织中是一切社会治疗和个体治疗努力的目标。

自我病理学与历史变迁

1

一个儿童有很多机会形成身份认同，这些机会来自真实或虚构的人物，不论其性别、习惯、特质、职业、思想。身份认同的形成或多或少有些试验性质——某些危机会迫使儿童做出最终的选择。然而，他所生存的历史时期却只能为他认同碎片的组合提供有限的具有社会意义的模型。这种模型的有效性取决于它们在何种程度上实现了生物成熟阶段的需求和习惯自我整合需求的同时满足。

许多儿童症状的急迫性表明了保卫正在形成的自我认同的必要性。对儿童来说，成长中的自我最有希望将发生在他生活各个领域中的快速变化整合为一体。这种在观察者看来似乎纯粹是依靠本能来展示特殊力量的现象常常只是一种绝望的请求——请求以唯一可行的方式进行整合和升华。因此，我们期望年轻的病人只对那些有疗效的方案做出回应。这些方案能帮助他们获得成功实现自我认同的先决条件。治疗和指导可能会尝试用更理想的认同替换不良的认同，但仍然无法改变自我认同的总体结构。[5]

此时，我想到了一个退役德国士兵的儿子。这个孩子的父亲由于不接受纳粹主义或不被其接受而移民到美国。在来到美国之前，这个孩子几乎没有接受过纳粹主义的灌输；到美国后他开始像其他孩子一样接受美国化教育，并很快就熟悉了一切。然而，渐渐地，他形成了一种针对权威的神经质的反抗。他所说的关于"老一辈"的内容和他说话的方式显然来自纳粹的宣传物，而他实际上从未读过它们。他所表现出的就是一个无意识的希特勒青年团成员（one-boy-Hitler-youth）的反抗行为。一个粗浅的分析指出，这个男孩对希特勒青年团的口号产生认同是因为他的俄狄浦斯原则使他对父亲的敌人产生了认同。

基于这一点，男孩的父母决定送他去一所军事学校。我预计他会反抗得更加激烈。结果，当接过带有军队标志的制服时，男孩产生了明显的变化。这些标志似乎令他内在的秩序产生了一种突然而具有决定性的转变。现在，男孩成了包裹着美国原型的不自觉的希特勒青年团成员：军校生。对他来说，他的父亲，作为一位小市民，已不再危险，也不再重要了。

然而，对他来说，在某些地方，还存在着同父亲一样的人以及类似父亲角色的人。他们在讲述第一次世界大战期间的功勋时通过无意识的手势（Erikson，1942）在男孩心中建立了军人原型。军人原型是许多欧洲人群体认同的一部分。它在德国人的头脑中有着特别的意义，能够帮助他们成为少数彻底的德国人并形成高度发展的身份认同。即使出于政治原因，他们的自我认同不能圆满完成，作为家族历史中认同传承焦点的军人原型仍被无意识地保留了下来。[6]

儿童被诱导接受历史人物或当代人物作为正、负面原型的精妙方法几乎未被研究过。细微的情感表达，例如喜爱、骄傲、生气、愧疚、焦虑、性紧张（其实超越了人们所使用的词汇、希望表达的意思或暗含的哲学思想），都向儿童表明，在他的世界里，在他所属群体的时空范畴（his group's space-time）和生命规划里，到底什么是重要的。

另外，会波及家庭的社会经济与文化方面的微小恐慌通常难以被定义。它会导致个体的退行和幼稚的赎罪行为，还会导致个体向更原始的道德标准的保守性回归（a reactionary return）。这些恐慌一旦在动力特征上与儿童的性心理危机同时发生，就会与之一同决定他的神经症——伴随着共享的恐慌、隔离的焦虑和身体的紧张。

例如，我们观察到，在西方的罪感文化（guilt-culture）中，无论何时，当个体和群体觉察到自己的社会经济地位处于危机中时，就会无意识地表现得仿佛内在危机（诱惑）已经引发了致命的灾难。结果，个体不仅产生了退行，出现了早期的愧疚感和赎罪行为，而且其行为从内容和形式上向早期准则回归，变得保守。内隐的道德准则变得更加有限，更加重要，更加排外，更加偏执。病人反复描述的童年环境常常集中在几个被选定的时期，而在这些时期中，太多改变的同时发生引起了恐慌的氛围。

在另一个案例中，一名五岁的男孩在短时间内经历了许多有关侵犯和死亡的体验，而后，他出现了抽搐的症状。当时在他的家庭历史趋势中，暴力的观念已经成为严重的问题。男孩的父亲是一名出生于东欧的犹太人，在五岁时被谦逊的祖父带到纽约东部的贫民区。在那里，他只有对打架最厉害的人形成童年的认同才能幸存下来。为了这个病态的认同，他也付出了不少代价。然而，在幸存下来并以正当手段取得经济上的成功后，他在北方某小镇的主街上开了一家店面，并搬进了一个居民住宅区。他不得不撤回对儿子最初的教导，以半恳求半胁迫的语气告诫狂妄自大且好打听的小男孩：作为店主的儿子，对待异教徒要有礼貌。这种认同的转变发生在小男孩性器期的中段——正是他需要清晰的指引和新的表达机会的时候——巧合的是，这也是他父亲成为移民受害者时所处的阶段。家庭的恐慌（认为"我们要有礼貌，否则会失去土地"）、个体的焦虑（担心"如果我只学会了强硬，只在强硬时才感到安全，我怎样才能变得礼貌"）、俄狄浦斯期的问题（管理和转移对父亲的攻击性），以及由间接的愤怒引发的身体紧张——这些对于他来说都是具体而特殊的，而且难以互相调节（互相调节本来可以使有机体、环境和自我产生同步变化）。这引发了"短路"，令他的癫痫症状非常明显。

2

在对成年人进行分析时,我们发现,决定其婴儿期认同危机的历史原型会出现在特定的移情和阻抗中。

我们下面引用的成年人的案例就描述了婴儿期认同危机与病人成年后生活方式的关系。

一个有着姣好外表(体型娇小)的舞者,出现了一种恼人的症状。她强迫自己的躯干挺得僵直,以至于舞蹈动作变得笨拙、难看。分析表明,她癔症性的僵直(hysterical erectness)是阴茎嫉妒的一种外在表现。她的阴茎嫉妒在童年就已经被唤醒,并且日后在某些方面得以升华并外显。这位病人是一位第二代德裔美国人唯一的女儿。她的父亲是一位成功的商人,在某种程度上也是一个喜爱裸露的个人主义者,对自己拥有强健的体魄感到极度骄傲。他要求金发碧眼的儿子一定要保持挺拔的姿态(这可能是他潜意识中的普鲁士人形象),但没有对有着深色皮肤的女儿提出同样的要求。事实上,他似乎不认为女性的身体有展示价值。这使病人学习舞蹈有了额外的动机——去展示"改进的"姿态。这种形象类似于她从未见过的普鲁士祖先的漫画像。

这类历史固着的症状可以通过分析阻抗所防御的对象来说明。

这位病人在意识和正性移情中都认为父亲和治疗师同样拥有高大的"日耳曼人的"体型。但令其极度气馁的是,她在梦中将治疗师化为一个矮小、邋遢、佝偻的"犹太人"。通过赋予治疗师卑贱、软弱的男性形象,她试图剥夺他窥探症状秘密的权力;因为这种权力会对她脆弱的自我认同形成威胁。而她脆弱的自我认同则源于她的性别与一对历史原型——*正面原型*(德国人、高大、阴茎)和*负面原型*(犹太人、矮小、阉割、女性)——的冲突性联结。病人的自我认同试图在当代激进舞者的角色中纳入一个危险的替代品,即一个创新的姿态,从而在防御的层面上构成一种带有表演性质的抗议,表达对女性在社会和性别方面弱势地位的不满。她的症状表明,通过俄狄浦斯情结的感官印证,她的父亲将自己的表现主义和偏见灌输给她,并使她在潜意识中保留了一种危险的、令人不安的力量。

潜意识中的负面认同通常和被亵渎(阉割)的身体、外族群体(the ethnic outgroup)及被剥削的少数人(the exploited minority)的形象联结在一起。这种联结通常会在各种各样的症状中有所体现;它广泛存在于不同的性别、族群、国家、文化圈和阶级中。在自我整合的过程中人们会尝试将最强大的正面原型和负面原型(可谓人的终极对手)及与之伴生的所有形象,包括优越与卑贱、善良与邪恶、阳刚与阴柔、自由与被束缚、高大与矮小,都囊括在一个简单的选择中,以便只用一场战斗、一个策略就能解决所有的冲突。在进行这样的联结时,潜意识中更加同质的旧有形象会在特定的阻抗中产生影响。我们必须研究这些形象,才可能理解病人的自我做出重要选择的历史基础。

将种族、道德和性别进行无意识的联结在任何群体的形成过程中都是必不可少的。在对此进行研究的过程中,精神分析完善了个体案例中的治疗手段,同时增进了对相伴而生的无意识偏见的了解。[7]

3

在社会改革方面,以治疗为目的的努力和尝试证明了一个可悲的事实,即在任何以压制、排挤、剥削为基础的系统内,被压制、被排挤、被剥削的对象都会无意识地相信某种负面形象——统治者迫使他们代表的形象。[8]

我曾在咨询中遇到过一位高大、聪明,并在美国西部农业区很有影响力的农场主。除了他的妻子,没人知道他出生于犹太家庭并在一个大都市的犹太街区长大。尽管拥有外在的成功,他却被强迫症和恐怖症织成的大网弄得极不舒服。分析表明,这些症状一再出现,并使他在自由迁徙到西部山区后始终被犹太街区的阴影所笼罩——朋友和对手、长辈和晚辈都在无意中扮演了德国男孩或爱尔兰黑帮的角色。正是这些人制造了当年那个犹太小男孩每天上学路上的痛苦经历。那时的他每天都需要从一个相对独立且较为文明的犹太街区穿过充满敌意的贫民区和黑帮火并区,才能到达学校这个暂时的避风港。事实上,我们从对这位先生的分析中得到了一个可悲的结论:施特莱彻强加于犹太人的负面认同形象仍被许多犹太人所保留。这种荒谬的情况导致这些犹太人仍试图居住在一个只体现自己当前身份，而与过去无关的地方。

这位病人真诚地认为，犹太人真正的唯一救世主应该是整形外科医生，因为他想改变自己的鼻子。

具有病态自我认同的患者认为，身体在种族特征描述中有着战略性意义。本案例中的鼻子、舞者案例中的脊椎都扮演着类似于跛子的伤腿、神经症患者的阴茎这类角色。这些被关注的身体部位有着不同的自我张力——有的被感知为大的、沉的；有的被感知为小的、虚的。无论在哪种情况中，被关注的身体部位似乎都与整个身体失去了联系；它似乎是别人注意的焦点。在病态自我认同的案例中，患者都做过类似的梦。在一些梦中，患者试图隐藏自己成为焦点的受损的身体部位，却失败了；在另一些梦中，他却意外地失去了它。

所谓的个体的时空自我保存了童年环境的社会结构及身体形象的轮廓。我们要想对其进行研究，就要将病人的童年历史与许多事情联系起来。这些事情包括：其家庭在典型地区（美国东部）、"落后"地区（美国南部）或"进步"地区（美国西部和北部）的定居历史——这些地区是逐步被纳入美国的盎格鲁-撒克逊文化认同的；其家庭迁徙的起点、途经地及终点——这些地区在不同的时期代表了正在形成的美国特性中的两极（即极端安定和极端流浪）；其家庭宗教信仰的转变及这一转变带来的后果；还有其家庭向某一阶层转换的失败尝试……而其中最重要的是个体或家庭的生活事件，因为不论在何时、何地，不论发生了什么，这些事件都会提供持久而强烈的认同感。

4

一位强迫症患者的祖父是一名商人，他曾在一个东部大都会的中心建了一所宅邸。他在遗嘱中要求，即使这所宅邸被摩天大楼和公寓大厦所环绕，他的族人也必须保留它。这座宅邸在某种程度上变成了邪恶保守势力的象征：它告诉全世界，宅邸的主人既不会迁徙，也不会将它售卖、扩建或加盖。而现代交通的便利性也只是因为能使宅邸与其周边的一切建筑（如俱乐部、避暑别墅、私人学校、哈佛大学等）完全隔绝而得以体现。宅邸里，祖父的照片悬挂在壁炉的上方，一只长明的小灯照着他绯红的脸颊，他的脸上流露出一贯的刚健和满足。他在商业中的"个人主义"方式以及他对子女命运近乎原始的控制力为人熟知，却很少被质疑。他的子女从谨慎、节俭和对他的尊重等表现中得到了补偿。他的孙子们知道，要找到属于自己的身份，就必须逃离宅邸，也就是说，要加入邻居们的疯狂奋斗中——他们中的一些人逃了出来，但将宅邸内化为一种基本的空间自我。这使他们产生了防御机制，出现了高傲而痛苦的退缩，以及偏执和性麻木的症状。

治疗师对病人的精神分析持续了非常长的时间。一是因为治疗师屋中的四堵墙变成了新的宅邸；二是因为治疗师的思考性沉默和理论性方案变成了宅邸仪式化隔绝的一种新形式。更深层的防御在病人的梦和联想中变得清晰。当治疗师的含蓄似乎与病人被束缚的父亲（而非他冷酷的祖父）相似时，病人礼节性"正移情"的治疗效果也就消失了。他父亲的形象（伴随着移情）在出现时就分裂了——当下软弱、温和的父亲形象与俄狄浦斯期的父亲形象分离了，与强大的祖父的形象融合了。当分析触及这种双重形象时，幻想出现了，它把祖父在病人真正的自我认同中压倒性的重要地位清晰地呈现了出来。这透露了权力的暴力意义：上位者的暴怒令这些被公开约束的人难以进入经济竞争领域，只能享受预先被安排好的优越特权；处于最高社会阶层的人们一旦与社会底层的人们为伍，就会真正地被剥夺继承权，他们在美国的生活水平会一落千丈。除非他们有能力从头开始，否则只能维持原状。这位病人没有那样的能力。他常常会抗拒治疗。这暗示了自我认同的改变及经济历史的改变引起的自我的重新整合。

解除这种深层屈服的唯一方法是让他对记忆进行认真的审视。记忆表明（他还是孩子时就知道）祖父其实是一个简单的人，他的成就不是来自某些原始的权力，而是因为他的能力博得了历史的支持。

提到美国西部的祖父，我想到了自己之前发表过的一个案例（Erikson，1945，p.349）。病人还是一个男孩时，他随（外）祖父到西部拓荒，"在那里，（他）几乎没有听过一句令人泄气的话"。这位的祖父是一个强大且动力十足的男人,永远在广袤的、被分割的土地上寻找具有挑战性的新任务。当最初的困难被克服后,他会把工作移交给其他人,然后继续前行。他的妻子也只有在受孕时才偶尔能看到他。根据典型的家庭模式,他的儿子们不能跟随他的脚步,只能在途中停下来做体面的定居者。为了用恰当的口号表达他们生活方式的转变,人们不得不把表示存在性的口号"让我们赶紧离开这个鬼地方"转换为表达决心的口号"让我们留在这儿,让混蛋们滚出去"。他唯一的女儿(即病人的母亲)独自保留了对父亲的认同。但恰恰是这种认同,不允许她嫁给和父亲一样自信的男人——她嫁给了一个软弱的男人,并安定下来。她把儿子,即病人,培养成了一个虔诚、勤劳的人。但病人喝酒之后,就变得一会儿冲动多变,一会儿消沉沮丧;一会儿像个青春期的小流氓,一会儿像个非常快乐的西部人。

他的母亲为此非常忧虑。然而,她不知道的是,在儿子的记忆中,整个童年,她总是在贬斥她的丈夫,控诉婚姻生活在各个方面都缺乏机动性,理想化她父亲的功绩,惊慌失措地惩罚调皮、活泼的小男孩——而这些都易于破坏已经建立的清晰平静的社区关系。

一名来自美国*中西部*的非常柔美、敏感的女性在探亲的时候因为一般性的情绪表达受阻和弥散性的轻度焦虑前来咨询。在探测性的分析(an exploratory analysis)中,她看上去几乎毫无生气。仅仅几周后,偶然间,她被骤然出现的、恐怖的、洪水般的对性和死亡的印象击倒了。她的这些记忆有很多并非来自潜意识的深处，而是来自意识中一个被隔离的角落。在这个角落里，堆积着所有会破坏她的童年印象——中上阶层是井然有序的——的事件。这种生活片段相互隔离的现象与我们在任何地方遇到的强迫性神经症患者的情况都很相似。这是一种生活方式，也是一种族群精神。而我们的病人之所以不舒服，只是因为她正被一个欧洲人追求，正在憧憬国际性大都会的生活。她感到被吸引了，但与此同时，她又感到被限制了；她的想象力被激活了，但又被焦虑压制了。矛盾的情绪通过便秘和腹泻的交替被反映出来。她感到自己关于性和社会方面的想象力不是枯竭了，而是被压抑了。

病人的梦境逐渐揭示出一个潜藏的未被激活的活力之源。当她的自由联想看上去充满痛苦而且毫无生气时，她的梦境却以一种近乎自主的方式变得幽默而富有创造力。她梦见自己穿着一身靓丽的红裙步入安静的教友中间；梦见自己向富丽堂皇的窗户扔石头。而最多彩的梦则把她送回了美国内战期间（她支持邦联军）：她坐在一个位于巨大的舞厅中央的马桶上，被一圈低矮的隔板围绕；她向穿着优雅的邦联军官和南方贵妇们挥手示意；他们则伴着铿锵的管乐声绕着她旋转。

这些梦揭开了被她隔绝的部分童年印象——她的祖父，一位邦联老兵，给予她的亲切的温暖。祖父所生活的世界是逝去的一个美丽传说，但其形式已经通过祖父大家长式的男子气概和绅士般的关爱被她（渴求认同）的童年体验了，而且被证明对于她正在寻找的自我来说，比父母许诺的标准式成功更加可靠。然而，随着祖父的去世，她的自我认同在形成过程中由于得不到关爱和社会回馈的滋养而宣告失败。于是，作为自我认同组成部分的情感也随之枯萎了。

对这位有着显著的美国*南部贵妇*认同（它超越了阶级和种族）残留的女士的精神分析治疗，似乎因为特殊的阻抗变得复杂了。可以肯定的是，我们的病人是被迫迁徙的南部人，她的贵妇风度是一种防御，也是一种症状。她对于治疗的期待在三个方面存在局限性。这些局限性与南部文化中为了保护阶级和种族认同而将贵妇原型强加于小女孩的特殊规定有关。

这类病人有一种伪偏执狂式的怀疑：生活是一系列严酷的考验，恶毒的流言试图通过不断积累的微小的缺点和瑕疵对南方女性能否成为一名贵妇做出最终的判断。她们还有一种普遍的信念：如果没有一种被默许的双重标准（以少量黑人性奴为代价换取对贵妇公开的尊重）的约束，男人就不会成为绅士——至少他们会诋毁贵妇的名声，因她们向地位较高的丈夫索取或因她们希望女儿嫁得更好而污蔑她们。而当机会出现的时候，如果一个男人不能继续向外展示他的绅士风度，他就会成为一个软弱的人，只配被无情地刺激。在病人的生命规划中充斥着愧疚和自卑的感觉，她一方面被对更高社会地位的有意识的期望所主导，另一方面则被一个隐秘的期望——男人应该容许女性在激情时刻失去贵妇风度——折磨得病快快的。上述认知无一不表现出病人对生活进行思考这一基本能力的欠缺。诚实地讲，在生活中，男人和女人的标准及承诺是同时产生的，并在某种程度上超越了原始的对立关系。这种无意识的标准在真诚开明的女性身上引起的强烈痛苦不言而喻。我们只有将这些历史趋势用言语表达出来，并对病人的角色阻抗进行初步分析，才能使精神分析成为可能。

在日常的工作中，心理治疗师会遇到一些不能忍受极端情况间的拉力的病人。他们无休止地尝试，希望能自如地踏入下一个环节，找到转折点。他们在移情和阻抗中重复那些无效的尝试，希望在童年关键期对国家、地区及阶层的残留认同和与之形成鲜明对比的快速变化之间寻求一致性。病人将治疗师编织进自己无意识的生命规划中，通过将他（如果恰巧生于欧洲）等同于自己较为同质化的祖先来使其理想化；或通过将他视为自己脆弱且不确定的自我认同的敌人来巧妙地拒绝他。

被治愈的病人会有勇气面对生活的不连续性以及追求经济和文化认同过程中的对立性，并将这些视为一个更广泛的群体认同的潜在希望，而非被强加的、具有敌意的现实。然而，其局限性在于丰富的童年感官经验（childhood sensuality）的根本性缺乏，以及自由运用机会的能力的延迟发展。

在生殖期之前，在为了生殖任务自由释放力比多之前，人类的婴儿就已经了解了生物社会存在（organismic-social existence）的基本变化。我们在对儿童的训练中相当重视生物模式，例如合并、保留、同化、排除、侵入、包含，从而使正在成长的生命获得一个角色基础以适应未来主要的生活任务；当然，前提是儿童未来的生活任务和他早期所受的训练是一致的。

细想一下美国的黑人，他们的婴儿在口欲期常常能获得感官的充分满足（足够终生所需），并以跑、笑、说、唱的方式将这种满足感保存下来。南部的白人强迫黑人与其共生，并利用黑人口欲期的财富令他们建立了奴隶的认同：温和、谦卑、依赖、有些爱抱怨但随时准备服务、偶有同理心和孩童般的聪慧。但在潜意识中，危险的分裂已经产生了。屈辱的共生关系以及"优等种族"保护自己的身份认同、反对口腔和感官诱惑的需求催生了关于种族的联想：光亮—干净—聪明—白人，黑暗—肮脏—愚笨—黑人。其后果是，黑人，特别是离开了南部家乡的黑人，常常遭遇极突然和严酷的清洁训练。这种联想也将黑人引入了性器期——在这个阶段，一个人无论是清醒的还是在做梦，对于他能够梦到什么肤色的女孩、能够去哪儿、能够做什么的约束都不会再干涉从原始自恋式的感官体验到生殖体验的自由转换。于是三种身份认同形成了：（1）妈妈的口欲期的"宝贝"，以温柔的、表情丰富的、有韵律的为标签；（2）"白人的黑人"，以被迫干净的、受约束的、友好但总是悲伤的为标签；（3）"黑人强奸犯"（负面的），以肮脏的、喜欢肛门施虐的为标签。

当所谓的机会只能提供一种新的、有限的自由，而不能使认同碎片得到整合时，众多碎片中的一片会以种族漫画式夸张的形式变成主导。在厌倦了这种形象后，黑人个体常常产生疑病症

（hypochondriac invalidism）。它表现出了与南部地区特定的自我-空间-时间认同的相似性，是向着奴隶自我认同行进的一种神经症性的退行。

我知道一个黑人男孩，他年幼时像白人孩子一样，每晚收听"独行侠"的故事，然后坐在床上，幻想着自己就是独行侠。但是，每当他想象自己飞快地追赶蒙面的入侵者时，总会突然意识到，独行侠不应该是一个黑人。于是，他停止了幻想。这个男孩在孩提时代极喜欢表达——不论是开心的事还是难过的事。如今，他已经变得安静，而且会时刻保持微笑。他的话语轻柔而含混，没人能令他惊慌或担忧，也没人能取悦他。白人都喜欢他。

自我的力量和社会病理学

1

个体心理病理学为我们理解自我认同做出了贡献，也为我们研究本质缺失（constitutional deficiency）、早期情感匮乏、神经症性冲突和创伤性损伤所造成的自我认同损害做出了贡献。在转向讨论自我认同损害的社会病理学案例之前，我们至少要提出一个问题：什么因素有利于造就强大且正常的自我认同？其答案可能要在一番更系统的阐述之后才能揭晓。通常，造就强大自我的每一项因素都对自我认同的形成有贡献。

弗洛伊德（1914）独创性地提出，人类自尊的来源（也是婴儿期为自我认同形成带来的重要贡献）是：

（1）婴儿期的自恋残留；

（2）拥有经验支持的婴儿期全能感（自我的理想原型的实现）；

（3）客体力比多的满足。

精神分析更重视个体和退行层面，而非集体支持层面。它只关注了故事的一半。

如果要让婴儿期的自恋残留得以幸存，人们就必须用爱来创造和支持婴儿的养育环境。爱可以向婴儿保证，他在特定的社会中是有价值的——就在这个社会中，他恰巧可以找到他自己。可以说，婴儿期的自恋顽强地对抗着挫折环境的侵袭；事实上，它也被同一个环境提供的丰富的感官经验和鼓励滋养着。婴儿期自恋（即强大自我的基础）广泛而严重的匮乏最终被视为集体整合的崩塌，而集体整合恰恰给予了每个新生儿（连同其养育环境）一个超个体的地位，向他们展示了社会的信任。当日后自恋被放弃或者向更成熟的自尊转变时，它会再次变得至关重要。不论这个更加现实的生命是否期待一个能一展所学或获得更有力的共同意义的机会。

如果说经验支持了婴儿的部分全能感，那么儿童训练不仅必须引导健康的感官体验和渐进的控制力，而且要提供作为健康和控制力之结果的真实社会认知。与由假象和成人的欺骗养成的婴儿期全能感不同，依附于自我认同的自尊是以社会技术的基本原理为根基的——这保证了理想自我与社会角色、功能性快乐与真实表现之间渐进的同步。它包含了对真实未来的认知。

如果"客体力比多"被满足了，那么性爱和生物潜能必然要在经济保障和情感安全方面获得一种文化整合。只有这种整合才能将统一的意义赋予包括怀孕、生产、抚养在内的整个生殖功能性循环。迷恋可能会使童年全部的禁忌之爱投射到当下的"客体"上。性行为能够使两个个体将对方作为支柱以对抗退行；而且，共同的性爱是面向未来的。家庭作为最基本的社会单位，朝着劳动分工而努力——在这个人生目标中，生产、生殖和休闲活动必须由两名异性共同完成。从这个意义上讲，在与配偶相遇时，自我认同就获得了它最终的力量。当然，夫妻各自的自我认同必须在某些必要之处形成互补，并能在婚姻中融合，而且不会产生危险的传统断裂或有违伦常的同一性，否则很容易对后代的自我发展造成伤害。

正如弗洛伊德在心理病理学部分指出的，无意识地、"违背伦常"地选择一个在某些关键特征上与婴儿期爱的客体相似的配偶，并不必然引发疾病。这样的选择实际上追随了一种种族机制，并在一个人成长的家庭和建立的家庭之间创造了一种连续性：传统，即上一代人的全部所学，因此得以保留。这类似于通过物种内交配来保留进化所得的机制。神经症性的固着（以及针对它的顽固的内部防御）是这种机制的失败案例，而不是其本质。

然而，过去那些为了适应生物进化、部落合并、国家或阶层融合而做出的许多调整机制在一个认同普遍扩张的世界里已经毫无用处。对自我认同的教育需要从正在改变的历史环境中取得力量，因此成人需要有意识地接受历史的异质性，并且与进步的力量相结合，为世界各地的儿童提供一种新的有丰富含义的连续性。以此为目的而进行的系统性的研究似乎要说明下述问题：

（1）儿童身体形象与其胎儿时期可能存在的基础——尤其重要的是母亲对怀孕的情感态度——之间的一致性；

（2）后天得到的照顾与新生儿气质（气质是先天的，以出生经验为基础）之间的一致性；

（3）儿童对于母亲的身体和气质的早期体验的一致性和连续性使自恋得到了大量的保留和持久的滋养；

（4）生殖期前的阶段以及婴儿发展进程中的标准步骤与群体认同间的一致性；

（5）真实社会认知所做的即刻承诺包括放弃婴儿期的自恋和自慰、在潜伏期内获得技能和知识；

（6）在个体的社会历史框架内，寻求俄狄浦斯期冲突解决方法的恰当性；

（7）青春期最终的自我认同与经济机会、可实现的理想原型及可用的技术之间的关系；

（8）生殖与同自我认同互补的爱之客体的关系，以及与生育的公共意义的关系。

2

关于社会集体时空和生命规划的阐述表明了研究自发行为方式的必要性。通过这种自发方式，现代社会的各个部分努力使儿童训练和经济发展具有一种有效的连续性。任何想要进行指导的人都必须理解、概念化以及运用认同形成的自发趋势。我们的临床经验对这些在类型上避免了过度片段化的研究多有助益,也使"病人有一个专制的母亲"(这是和传统的欧洲精神病学中暗含的家庭形象进行比较的结果)这类原型能被我们从历史的角度进一步分解为有意义的变式。二战期间,精神病学和精神分析学都试图解释一个人在军事压力下崩溃还是不崩溃所对应的不同童年环境;但由于缺乏历史的观察角度,他们基本都失败了。

作为神经症患者,那些从武装部队退下来的老兵仍会处于敌对的紧张状态。和他们一起工作时,我们开始了解局部自我整合缺失所导致的普遍症状。事实上,他们中的许多人都退行至功能缺失的阶段(stage of unlearned function)(Freud, 1908)。他们的自我边界已经失去了减震的功能。对于他们而言,每一件过于突然或过于激烈的事情——不论是来自外部感觉还是来自内部体验,不论是出于冲动还是来自记忆——都会引起焦虑和愤怒;一个不断受到"惊吓"的感觉系统同时被外界的刺激和身体的感觉——发烧、心悸、撕裂般的头痛——所攻击;失眠阻碍了通过睡眠进行的感觉筛查功能的恢复,也阻碍了通过做梦进行的情感整合功能的恢复。健忘、神经质的幻想和模糊的意识表明了时间知觉和空间知觉的部分缺失。"和平时期的神经症"拥有清晰的症状和残留,又带有碎片化和虚假的特性——自我似乎连一个完整的神经症都不能形成。

这种自我损伤在一些案例中似乎源于暴力事件,而在另一些案例中则源于无数细小烦恼的累积。可以肯定的是，这类病人都被许多方面同时发生的（渐进或突然的）太多变故耗尽了精力。对他们来说，身体的紧张、来自社会的恐慌和自我的焦虑总是同时出现。总之，这些人"不再知道自己是谁"；他们的自我认同明显地消失了，同一性、连续性以及社会角色也消失了。

美国人的群体认同会支持个体的自我认同——只要个体在一定程度上愿意进行慎重的尝试；只要个体相信自己的未来取决于自己，相信只要自己愿意，无论曾经待在何处或者去往何方，自己都有做出相反选择的权力。在这个国家，迁徙者不想被命令继续流浪，定居者也不想被命令待在原地，因为每个人的生活都可以包含不同的选择——而选择是个体最私人的决定。所以对于许多人来说，军事生活的约束和纪律几乎没有提供任何正面原型[9]；而对于极少数人来说，这甚至代表着认同像傻瓜那样的极负面的形象——当其他人在自由地追求机会和姑娘时，有人却被转移了注意力，被关了禁闭，被按下了生活的暂停键。成为一个傻瓜意味着同时遭遇了社会阉割和生殖阉割——如果你成了傻瓜，甚至连母亲都不会可怜你。

在神经症患者的（时常是滔滔不绝的）叙述中，他们所有的记忆和预期都与曾经威胁过或可能会威胁下一步选择自由的事物相关。在重新获取不可逆转的自由选择权（free enterprise）的奋斗中，他们受创的自我与负面认同抗争并试图远离它。这些负面认同包含了哭泣的婴儿、流血的妇女、顺从的黑人、娘娘腔的男人、诈骗犯、智障人士等原型的成分。而对这些成分的轻微影射便能激起患者自我毁灭般的狂怒,并最终导致不同程度的易怒和冷漠。患者试图将自我的困境归咎于环境和他人,并夸大这种困境。这使他们的童年更加不堪,也使他们的病态表现比实际情况更加严重和令人沮丧。他们的自我认同崩塌并分解为许多碎片,包括身体的、性的、社会的、职业的,每一片都不得不再次克服自身负面原型带来的威胁。如果临床研究关注病人破碎的生命规划,给出的建议倾向于加强作为病人自我认同基础的那些碎片的重新整合,那么修复工作会更加有效和经济。

在二战中,有几十万人失去了自我认同——如今他们只是在部分地或逐渐地重获自我认同;其中问题严重的几千人则被错误地诊断为精神病态(psychopathy)并加以治疗。除此之外,还有数量未知的人由于经历了重大的历史变迁而产生了创伤性的自我认同丧失。

这些患者及他们的医生和同辈正越来越多地品尝到精神分析病学(psychoanalytic psychiatry)的苦涩真相。这在本质上是一个需要被严肃评价的历史进步。这也表明,只要人们关注个人经历中焦虑和疾病的意义,就越来越能接受精神分析的观点。但是,对这些令人痛苦的决定人类行为的无意识因素的片面接受也会引发同步的阻抗,以防御令人不安的对社会病症及其历史成因的觉察。例如近期开展的美国人认同大调查①所引发的潜意识的恐慌。

历史已经走到了强制开放和全球加速的阶段。这对于美国人正在形成的认同来说是一个威胁，似乎降低了那些强有力的信念：这个国家是能够承受错误的；根据其天性，这个国家至今在无尽的储备、规划的视野、行动的自由及前进的速度上一直领先于世界上其他的地方；这个国家有着无限的空间和无尽的时间去发展，去试验，去完成它的社会实验。在尝试整合被隔绝的广阔空间这一旧形象与爆炸性的全球亲密关系的新形象时出现的困难令人深感不安。人们遭遇了将传统的方法应用于新时空的典型情况：传教士发出了"一个世界"的呼声；在"环球"的基础上出现了航空业先驱；出现了全球规模的慈善组织；等等。而在经济和政治的整合方面及与之相伴的情感和精神的承受力方面仍然存在明显的延缓。

如果心理治疗师忽视了这次发展给神经症患者带来的不舒适感，他不仅容易错过同时代的生命周期中许多特殊的驱动力，而且容易使个体的能量偏离眼前的共同任务（或者服务于那些因商业需求走偏的人）。要大幅度减少神经症，我们必须从临床的视角平等地看待案例与环境、对过去的固着与对未来的新设想、痛苦的深层与危险的表层。

---

① 1950至1954年间，麦卡锡主义盛行美国，各界人士曾被迫宣誓忠于美国，并签署"非共""反共"协议。时为加州大学教授的埃里克森为捍卫自由，曾公开反对签署此类协议。

3

在研究自我与正在改变的历史现实之间的关系时，精神分析学发现了一些新的无意识的阻抗。就精神分析研究的本质而言，被观察者的阻抗在得到完全理解和有效处理之前，必然存在于观察者内部，并且必然被他们评价过和概念化了。当研究本能时，心理治疗师知道自己的一部分研究动力在本质上源于本能，也知道应该做出一些反移情来回应病人的移情——在能够治愈病人的高治疗性情境中满足其婴儿式奋斗的模糊期望。尽管如此，治疗师仍然有条不紊地探索自由的极限——在那里，对必然发生之事的清晰描述解除了强烈的阻抗，并且释放了创造性规划的能量。

因此，对于受训中的心理治疗师来说，在尝试完善人类的才能、提高对与自己不同的事物的理解能力之前，他必须学会研究使自己成为当下的自己的历史决定因素。此外，他还必须学会研究精神分析概念的历史决定因素。

在动机领域，如果同样的术语已经使用了半个多世纪（或者一个世纪），它们必然会反映出其起源时期的观念，也必然会吸收其后发生的社会变革的内涵。从历史的观点来看，观念的内涵会不可避免地体现在运用与自我相关的概念工具来检验现实的过程中。自我认同的概念化和现实本身的概念化是历史变迁的必然结果。但是在这里，我们的研究方向仍是自由的极限，研究方法仍是从根本上分析防御对洞察和规划的阻抗。

正如哲学家所预言的，尽管"现实"这一概念的指向是清晰的，但在使用中已经严重变质。根据快乐原则，令人在当下感觉良好的事物就是好的；现实原则则宣称，长远地看，在综合考虑了所有内外部的发展之后，能最持久地使人感觉良好的事物才是好的。这些原则都是由科学人士建立的，却都轻易地落入了经济学人士的"虎口"。在理论和治疗实践中，现实原则已经具有了一定的个人主义色彩。在这种情况下，能使个体逃脱（会被强制执行的）法律制裁和（会引发苦恼的）超我谴责的事物就是好的。我们治疗的失败常常显示了这种认识的局限性：总是违背自身意志的西方人正在发展一种普遍的群体认同。他们的现实原则开始包含一种*社会原则*。根据这种社会原则，只有从长远来看，能够使一个人感觉良好而又不剥夺（有共同群体认同的）他人类似所得的事物才是好的。现在的问题是，我们该如何对经济安全和情感安全进行新的整合才能够维持这更加广泛的群体认同，并由此给予个体自我力量。

一个最新的构想代表了当代观念中一种不同的趋势。它指出，"一种成熟的机制在整个童年里一直在起作用。它帮助儿童增长知识，适应现实，完善（自我）功能，使他们越来越客观，越来越脱离情感的约束，最终变得像机械一样准确和可靠"（Anna Freud，1945）。

显然，自我比所有的机械更古老。如果我们在其中发现了一股让自己机械化并从十足的情感中释放出来的趋势——没有这种情感，经历将变得苍白——那么我们应当切实关注一个历史的困境。今天，我们面对的问题是，是否可以通过人类的机械化或工业的人类化来解决机械时代的问题。我们的儿童训练已经开始塑造标准化的现代人，以使他们成为可靠的机械，随时准备"适应"机械世界充满竞争的剥削。事实上，儿童训练中的某些现代化趋势似乎代表了人类对机械的一种神奇的认同。这类似于原始部落对主要猎物的认同。与此同时，现代思想已经成为专注于机械化的文明社会的产物，并试图通过探索"心理机制（mental mechanism）"来了解其自身。因此，如果自我本身似乎在追求机械适应的能力，那么我们可能并不是在和自我的本质打交道，而是在和一个适应性的自我以及对其进行研究的机械化方法打交道。

或许，在这里，我们仍然有必要指出，在美国这个国家中，人们通常所说的"自我"与精神分析中的同名概念没有什么关系。它表示的是一种非正式的、通用的自尊概念。然而，随着治疗学和生活的贴近、融合，这层含义正慢慢地渗入关于自我的专业讨论中。

鼓励、打趣、喧闹及其他"扁平化自我"的行为理所当然是美国社会风俗的一部分。这些风俗渗入美国人的举止和谈吐中，并影响了每个人的人际关系。如果没有它们，这个国家的治疗关系仍将是不切实际的和缺乏针对性的。然而，我们此处要讨论的是，将鼓励作为具有民族特色的实践进行系统开发的目的是使人们"感觉良好",或者消除他们的焦虑和紧张,以便令他们在作为病人、客人或雇员时能够更好地发挥相应的功能。

一个虚弱的自我并不能从持续的鼓励中获得坚实的力量;一个强大的自我,因其自我认同受到强有力的社会保护,不需要任何虚假的吹捧——事实上他也是对此免疫的。自我倾向于检验事物的真实性,控制有功用的事物,理解事物的必然性,享受生命活力,消除病态;同时倾向于和同一个集体自我中的其他人共同提供强大的支持,以将自己的意志传递给下一代。

然而,战争是一场对自我力量不公平的测试。在集体的非常时刻,所有的资源(包括物质的以及情感的)都必须被动员起来,相应地,在长期正常发展条件下可行的和经济的事物就被忽略了。在集体处于危险的日子里,自我鼓励(ego bolstering)是一种恰当的方法;在自我极度紧张的个案中——不论是由于个体情感太青涩或者体质太虚弱而遇上了不利于成熟和健康的环境,还是因为环境严酷到令拥有相对完整自我的人都不能承受——它仍是一种真正有效的治疗方法。显然,意料之外的自我与环境间的矛盾引发了两种创伤,而战争提高了这两种创伤的发生概率。然而,将"自我鼓励"的哲学和实践盲目地应用于和平环境中,是不符合理论的,而且在治疗中将是不安全的。进一步说,这种做法还具有社会危害性,因为它意味着紧张的原因(即现代生活)永远超出个体及社会的控制——成为一种常态,延缓了对*容易削弱婴儿自我的环境*的改造过程。而这个过程中的能量转移是危险的，因为美国人的童年，以及其他美国自由精神的展示都是力求与工业民主的碎片进行整合的巨大碎片。

我们只有通过持之以恒的人文主义关怀——临床经验帮助人类最终意识到被古老的恐惧蒙蔽的潜力，而不是帮病人做细微调整以适应受限的环境——才能保证精神分析对此次发展所做贡献的有效性。

4

正如安娜·弗洛伊德（1936）指出的，心理治疗师在进行研究时，应当站在一个"与本我、自我及超我等距"的点上进行观察——以便自己能够意识到三者功能的独立性，并且当观察到其中一个部分的变化时，不会错过其他两个部分的相应变化。

然而，除此之外，观察者还应当意识到，被他概念化了的本我、自我和超我在整个生命史中并不存在稳定的区隔。相反，它们反映了三种主要的过程，而三者之间的相对关系决定了人类行为的形式。这三种主要过程是：

（1）在生命周期（包括进化、渐成、力比多发展等）的时空内，身体的生物组织过程；

（2）通过自我整合［自我时空（ego space-time）、自我防御、自我认同等］获得经验的组织过程；

（3）在地理–历史单元（geographic-historical units）内（集体

时空、集体生命规划、生产的族群精神等），生物自我的社会组织过程。

上面的顺序遵循了精神分析研究的趋势。另外，尽管三个过程的结构并不相同，但都是*相互依存*、*相互关联*的；在任意一个过程中，任何一个部分的意义和潜力的改变都会引起其他部分的同步改变。为了保证恰当的变化速度和顺序，为了阻止或抵消发展的滞后性、不一致性和不连续性，身体会发出预警信号，如肢体的疼痛、自我的焦虑和对于群体的恐慌。它们预示了生理机能失调、自我控制力受损，以及群体认同的丢失——每一项问题都会威胁到其他部分。

无论哪个过程丧失了调节的能力，影响了整体的平衡，都会受到过度的关注。而在精神病理学中，我们观察和研究的就是这种情况下该过程清晰的自治现象。因此，精神分析首先研究的是*本我对人的奴役*，也就是受挫生物体对自我和社会的过度索求引发的生命周期内在秩序的混乱。接下来，研究的焦点转移到了*表面自治的自我（和超我）的奋斗对人的奴役*，即防御机制——它越过了个人生物体可容忍的在社会组织中可行的事物的边界，削减和扭曲了自我体验和规划的力量。最后，精神分析直接研究了*历史环境对人的奴役*，从而完成了神经症的基础性研究。依据前例，这种奴役也*具有自主性*，并且利用个体内部古老的机制否定其健康和自我的力量[10]。只有在这三重研究的基础上重新解释我们的临床经验，才能对我们在工业世界中开展的儿童训练有所助益。

精神分析性治疗的目的（Nunberg，1931）被定义为同时增强本我的灵活性、超我的容忍力及自我的整合力。我们建议，对自我的分析还应包含对与（影响个体童年环境的）历史转变相关的个体自我认同的分析。因为个体对自己神经症的控制，始于他接受"成为自己"这一历史必然性。当个体选择认同其自我认同时，当个体学会尽其所能去完成必做之事时，他就会感到自由。只有如此，个体才能从仅有的一个生命周期与一段独特的人类历史的碰撞中获得自我的力量。

第一篇

健康人格的成长与危机

白宫会议的儿童与青少年调查委员会邀请我更加详细地描述一下我在另一个情境下讲的一些观点（Erikson，1950a）。从临床与人类学的角度看，健康人格的出现似乎是个意外。但是，在本文中，它将成为核心议题。

人们认为，专家应该能够区分事实与理论、知识与观点，他的工作就是了解那些能够验证自己研究领域中观点的有效方法。在本文中，如果只局限于叙述在某种程度上*已被了解*的"健康人格"，我将会把读者引导到一种光荣但是毫无生气的苦行中。在人们与自己、与他人的关系问题上，方法论并不像在短篇论文中那样富有意义或者启发性。

另一方面，如果我写本文只是为了对弗洛伊德的精神分析理论进行另一番介绍，我将很难对健康人格的理解做出更多的贡献。因为治疗师在日常工作中对心理失调的动力和治疗方法的了解远多于对预防心理失调的了解。

尽管如此，我仍将从弗洛伊德影响深远的发现谈起。他认为，神经症冲突在内容上与每个儿童在童年时必将经历的冲突没有太大区别；每个成人在人格深处都保留着这些童年时的冲突。我将通过阐述童年各阶段关键的心理冲突来思考这一事实。为了保持心理上的活力，人们必须不断地解决这些心理冲突，甚至当他的身体必须不断与机体的衰退做斗争时也不例外。然而，既然我不能接受只要活着并且不生病就算健康这样的结论，就必须求助于一些不属于本领域正式术语的概念。鉴于我也对文化人类学感兴趣，我将尝试描述真正的健康人格中的成分。在我看来，在神经症病人身上这些成分有着明显的缺失或缺陷，而在另一类人身上它们却呈现得最为明显——这类人所受的教育和所处的文化系统似乎在以其自有的方式努力地创造、支持、维护它们。

下面，我将从内外部冲突的角度展示人类的成长。在重要他人所提供标准的指引下，健康人格会度过不断出现冲突的时期，并伴之以内部整合感、良好判断力和"干得漂亮（to do well）"的能力的不断增强。当然，"干得漂亮"这个词指向的是与文化相关的所有情况。例如，当他"做了某些好事"时，或者当他在获取财富上"干得漂亮"时，又或者当他在学习理解现实或掌握现实的新技巧或新方式上"干得漂亮"时，再或者当他比勉强应付表现得好一些时，对他重要的人会认为他干得漂亮。

成人健康人格的构成是调查委员会的另一个工作议题。我将只给出一个定义，即玛丽·雅霍达[①]（1950）的定义——具有健康人格的人能*主动地控制他的环境*，会表现出明显的人格统一性，

[①] 玛丽·雅霍达（Marie Jahoda，1907—2001），英国社会心理学家，以其心理健康及失业心理的研究而闻名。

能*正确地感知世界和自己*。由此我们可以清晰地看出，所有这些标准都与儿童的认知和社会发展相关。事实上，我们可以说，童年是由它最初的缺失以及步骤复杂的渐进发展所定义的。我会从遗传的角度去探讨这个问题：一个健康的人格是如何形成的？或者可以说，它是如何从连续的阶段中累积能力从而控制生命的内外部危机，并保留着活力的？

健康与成长

无论何时，如果我们试图了解成长，最好记得自生物在子宫中成长时便存在的"渐成论原则"。概括地说，这条原则是指，任何事物的成长都有一个蓝图，其各成分依蓝图发生，并在某个特定时期占主导地位，直到所有部分形成一个功能性整体。出生时，婴儿离开子宫的化学交换系统，进入社会交换系统——在这里，他逐渐增长的能力遇到了文化带来的机遇与限制。在不产生新器官的情况下，成熟过程中的生物如何按照运动、感知和社会能力的顺序继续发展，是儿童发展研究的主题。而精神分析带领我们认识到更加奇特的经验，尤其是内在冲突。这些经验构成了个体的行为方式，进而促成了个体鲜明的人格。然而在此时，同样重要的是，我们应该认识到，经过适当的指导，一个拥有一系列个性化经验的健康孩子会遵守内在的发展准则。这些准则会激发孩子的一系列潜能，从而使他跟照顾者发生有重要意义的互动。尽管这种互动因文化而异，但是在引导人格与生物的成长时，其比例与顺序保持一定的稳定性。因此可以说，人格是按照人类预定的步骤发展的，并且被有意识地导向逐步扩大的社会半径，与之相互影响。这条半径以母亲模糊的形象为起点，以个体生命中"重要"的人（至少是他的一部分）为终点。

基于以上原因，在展现人格发展的各个阶段时，我们引入了*渐成论表*。它类似于之前弗洛伊德的性心理阶段表1。事实上，这个展示是为了建立一座桥梁，让我们更好地把儿童性欲理论（在这里不做详细陈述）和有关儿童在家庭与社会中身体、社会成长的知识联系起来。表1就是渐成论表。

	成分1	成分2	成分3
阶段Ⅰ	I_1	I_2	I_3
阶段Ⅱ	II_1	II_2	II_3
阶段Ⅲ	III_1	III_2	III_3

表1

表1中的内容既代表各阶段的顺序（Ⅰ—Ⅲ），也代表各个组成部分的逐渐发展；换言之，表显示了*差异化的各部分随时间的演化*。这表明：（1）健康人格中的每个部分与其他部分都是*系统相关的*，全部有赖于每一部分*按顺序地适当发展*；（2）每一部分在其具有决定性的时刻正常到来之前已经以某种形式存在了。

可以说*基本信任感*是生活中发展出来的心理健康的第一个组成部分，其次是*自主感*，接下来是*主动感*。这样一来，表1的目的可能会变得更加清晰（见表2）。

阶段 I （大约为第一年）	基本信任	前期的自主性	前期的主动性
阶段 II （大约为第二、三年）	后期的基本信任	自主性	前期的主动性
阶段 III （大约为第四、五年）	后期的基本信任	后期的自主性	主动性

表2

表2传达了三个组成部分之间的一些基本关系以及每个部分的一些基本事实。

各个部分都会*在相应阶段结束前获得自身的优势*，遇到自己的危机，找到永久的（将在此处描述的）解决方案。所有这些部分在一开始已经以某种形式存在了——虽然我们并不强调这个事实，但是并不会因为各部分在不同发展阶段中具有不同的名字而搞混它们。婴儿可能在生命早期呈现出某些"自主性"。例如，在某些特殊情况下，当初生婴儿的小手被紧紧抓住时，他会愤怒地试图挣脱。但在正常情况下，直到第二年，他才开始需要*在成为自主的个体与成为依赖的个体之间做出关键的选择*；直到那时，他才做好准备与环境发生决定性的邂逅——而环境则反过来需要向婴儿传递*自主性和强制性的特定观念与概念*，从而为他在本文化中塑造自己的性格、效能和健康人格做出关键的贡献。

*邂逅*及其导致的危机，正是每个阶段中应加以描述的内容。每个阶段之所以会出现危机，是因为伴随着本能能量的转移，关键部分的功能在初期的成长和觉知中，可能引起该部分特定的

脆弱性。因此，一个最难确定的问题是，儿童在特定的阶段是强大的还是脆弱的。也许最恰当的说法是，他在某些方面总是脆弱的，而在另一些方面则是完全不敏感的。与此同时，他又在脆弱的地方表现出令人难以置信的坚持。我们必须补充说明的是，正是婴儿的脆弱给予他力量；他从完全的依赖和脆弱中创造出了对环境特别敏感的信号——主导这个环境的回应模式建立在本能和传统的基础上。婴儿的存在对家庭中每个成员（从内在到外在）都会产生一些稳定而持久的支配性影响。因为这些家庭成员需要重新定位自己以适应婴儿的降临；他们既需要作为个体来独自成长，也需要作为一个群体来共同成长。可以说，婴儿控制了家庭，带动了家庭的成长；也可以说，家庭只有受到婴儿的培育之后才能养育好婴儿。婴儿的成长过程中包含了一系列对家庭成员的挑战。它们为婴儿发展中的社会互动潜能服务。

由于*客观存在的根本性变化*，每个连续的步骤都是一次潜在的危机。在生命开始时，婴儿遭遇的最根本变化是子宫内到子宫外的环境改变。在婴儿出生后，一些根本性的调整，比如松弛地躺着、稳稳地坐着、快速地奔跑等，都必须在其自身对应的最佳发展时期才能得到实现。而与之相伴的，在人际方面也常常会出现快速、深刻的改变——"不让妈妈离开视线"与"希望独立"这两种对立的现象在时间上的接近，便证明了这一点。因此，*发展不同的能力、运用不同的机会变成了不断更新的结构（即成长的人格）中成熟的部分*。

基本信任对基本不信任

1

健康人格的第一个部分，我将其命名为*基本信任感*。我认为，这是根据出生后第一年的生活经验形成的对自己和世界的态度。"信任"二字表达对他人的合理信任以及自身的可信赖感；而"基本"指的是，无论在童年期还是成年期，这个部分或者它之后的其他部分都没有被特别地觉察到。事实上，所有这些标准都在童年得到发展，在成年进行整合，然后融入了整个人格中。无论是童年危机还是成年创伤，都明显地受到了制约。

在描述一系列基本态度发展中的成长与危机时，我们借助"……感"这个术语。像"健康感"或者"不健康感"一样，这类"感觉"广泛分布于表层与深层、潜意识与意识中。它们是有意识*体验*的方式——易于进入内省（它们产生的地方）；也是*行为表现*的方式——可以被他人观察到；还是无意识的*内部状态*——可以通过测试与分析来确定。在接下来的讨论中，记住这三个维度是很重要的。

在成人中，基本信任受损表现为*基本不信任*。后者的特点是个体与自身或他人产生不一致时，会以特定的方式退缩到自己的世界里。这些方式通常并不明显，但是在退行到精神病状态的个体身上格外显著。有时，这类病人会表现出自我封闭，拒绝食物与安慰，无视友谊。如果我们希望通过心理治疗来帮助他们，就必须试着通过某种特定方式再次触碰他们，使他们相信他们可以信任这个世界、信任他们自己。（Fromm-Reichmann，1950）

根据对病情不那么严重的病人彻底的退行情况及其最深处、最幼稚层面的了解，我们把基本信任视为健康人格的基石。让我们看看什么能够证明我们把这个部分的危机与优势置于生命的开始阶段是合理的。

当新生儿从与母亲身体的共生状态中分离出来时，他天生的用嘴接收和理解的基本上协调的能力遇上了母亲喂养他、欢迎他的基本上协调的能力和意图。从这个角度来说，婴儿是靠嘴去体验、去爱的，而母亲是靠乳房去体验、去爱的。

对母亲而言，这是一份迟到而复杂的成就，在很高程度上依赖于她作为一个女人的发展水平、她对待孩子的无意识态度、她的孕期生活方式和分娩方式、她与她的群体对养育孩子的态度，以及新生儿的回应。对婴儿来说，嘴通常是接近生活的第一种方式——一种*合并性*（incorporative）方式——的焦点。（在精神分析中，这个时期通常被称为"口欲期"。）但很明显的是，除了对食物的压倒性需求，婴儿对其他事物也是善于接受的。一旦他愿意且能够吮吸适当的物体,并吞下它们的汁液,接下来很快就能够用眼睛"接收"进入视野的任何物体了。他的触觉似乎也在"接收"感觉不错的物体。从其意义来看,我们可以称这个阶段为"*合并性阶段(incorporative stage)*"。相对来说,这个阶段的婴儿易于接收外部提供给他的东西。然而,婴儿也是敏感且脆弱的。为了确保婴儿在这个世界上的初次体验不仅能够维持其生存,还能帮助他们协调敏感的呼吸和循环代谢的节奏,我们必须注意在正确的时间给他们提供适当强度的感官刺激和适量的食物。否则,他们接收的意愿可能会突然发生转变(变为弥漫性的防御),他们会变得无精打采。

现在,我们已经非常清楚的是,为了让婴儿得以生存,哪些是*必须*做的(即必需的最低供应),以及为了避免让婴儿受伤或者长期处于沮丧状态(即早期可以容忍的最大挫折),哪些是*一定*不能做的。尽管如此,在具体的做法上,仍有一定的回旋空间——基于不同文化背景,人们可以充分利用自己的特权决定他们认为有效和必要的事物。有些人认为,为了不让婴儿抓伤自己的眼睛,在一年中的大部分时间里,特别是在白天,都应当将他完全地包裹住;另外,每当婴儿呜咽时就需要摇晃他或者给他喂食。而另一些人则认为,婴儿可以自由随意地乱踢乱动,但同样理所当然的是,他们要为了食物被迫哭着"请求",直到面红耳赤。这些(或多或少是有意为之的)规则似乎跟文化普遍的目标和系统有关。我认识一些年老的美国印第安人,他们会严厉地谴责我们（美国白人）让婴儿哭泣的行为，而我们则相信"哭泣能够使肺强健"。无怪乎这些印第安人会说，白人刚受到这个世界的欢迎，似乎就急着去"另一个世界"。但这些印第安人也会自豪地提到，在母乳喂养的第二年，当婴儿因为"咬"母亲的乳头而被捶打头部时，愤怒得面红耳赤——这时，印第安人转而认为"这样能将他培养成优秀的猎人"。

在貌似随意的各种儿童训练方式中，都存在一些内在的智慧、一些无意识的规划和许多迷信的成分。例如，什么"对孩子是好的"，哪些是孩子*可以*做的，都取决于他被期望变成什么模样以及去什么地方。

至少，在最初的邂逅中，人类婴儿就已经遇见了自己所处文化的某些基本形态（modality）。最简单的也是最早的形态是"获得"。这不是指"主动得到"，而是指收下并接纳被给予的事物。"获得说起来比实际操作要容易。只有当新生儿学会通过调节自己的准备状态来适应母亲的方法，而母亲也相应地发展和调节自己的给予方式并允许孩子调节其获得方式时，新生儿那尚在摸索的、不稳定的生物机体才能掌握这种形态。由此形成的轻松的相互关系在婴儿初次接触无害的其他人或其他事物时，会显得极其重要。从精神分析的角度看，婴儿产生了这样的印象：*要想获得被给予的*，要想学会让他人为*自己*做期望的事情，自己就需要发展出*能成为给予者*的必要基础，与母亲形成"认同"。

如果这种*相互的*调节失败了，局面就会崩塌，继而演变为通过胁迫而非互惠进行控制的各种尝试。婴儿将尝试采取各种活动来获得通过核心的吮吸行为得不到的事物；他会把自己搞得筋疲力尽，或者将发现他的眼中钉，并诅咒这个世界。对此，妈妈的反应可能是紧张地通过改变作息、方法和程序等来尝试控制局面。人们不能确定这些所作所为对婴儿意味着什么，但可以肯定的是，在我们的临床印象中，在某些敏感的（早期挫折不曾被弥补过的）个体身上，这样的情况成了一种典型——他们在自己与"世界"、与"人们"，尤其是与爱人或者其他重要他人之间的关系中出现了完全的心理失调。

有许多方式能够维持互惠关系，比如通过其他喂养方式给予婴儿可接收的、非口腔的其他感觉器官的满足，如怀抱、温暖、诉说、摇晃等带来的愉悦感，来弥补未被满足的口欲。除了这种"*横向*"的补偿，即在同一阶段进行的补偿外，生活中还有许多"*纵向*"的补偿，即出现在生命周期后面阶段的补偿。[2]

在"口欲期的第二阶段"，通过更积极、更直接的合并性方式获得的能力与愉悦感成熟了。伴随着牙齿的生长，啃咬东西、咬破东西和咬碎东西的快感也得到了发展。这种*积极的*合并模式与第一种合并模式一样，成了其他行为的特征。起初，婴儿的眼睛是被动的，只能接收偶然出现的形象；现在他学会从模糊的背景中聚焦、分离，"捕捉"物体，并且跟随它们。同样，他的听觉器官掌握了辨别重要声音、定位声音来源的能力，而且他学会了通过改变姿势（比如抬头或者转头，抬起上半身或者转身）来捕捉声音。他学会了坚定地伸直双臂；学会了用双手牢牢地抓住东西。在这个阶段，我们更感兴趣的是婴儿正在发展的接近世界的方法的*整体布局和最终整合*，而不是那些在儿童发展文献中得到完备描述的婴儿*首先出现的具体能力*。[3]

随之而来的是许多人际交往的模式建立了，并且集中在*获取*和*保留*事物的社会形态中——这些事物被近乎慷慨地提供和给予，但也有悄悄溜走的趋势。当婴儿学会了改变姿势、翻身，并渐渐可以久坐时，他就必须完善自己抓住和占有、握住和咀嚼可及范围内所有物体的机制。

口欲期的*危机*（发生在婴儿出生第一年的后半年）难以评估，更难以证实。它似乎由三个方面的同步发展所构成：（1）生理的发展——婴儿陷入一种广泛的紧张感中（一种因"长牙"和其他口腔部位变化的不舒适感导致的紧张感），这与他非常强烈的想要更加积极地合并、占有和观察的驱力有关；（2）心理的发展——婴儿越来越意识到自己是个独特的个体；（3）环境的发展——妈妈会明显地从婴儿身边离开，转而追求因怀孕或者照顾婴儿而中断的追求。这些追求包括全身心回到夫妻之间的亲密关系中（可能很快会导致她再度怀孕）。

当母乳喂养的婴儿进入啃咬的阶段（众所周知，这是正常的规律），他必然需要学习如何不用咬而继续吸奶，以避免母亲因为疼痛或生气而抽回乳头。我们的临床研究发现，个体早期历史中的这一经历会给他带来一些基本的缺失感，给他留下与母体和睦相处的状态曾遭受破坏的基本印象。对于婴儿来说，断奶并不会意味着乳房的突然消失以及母亲这一依靠的突然消失——当然，前提是从声音和感觉上没有一个特别像妈妈的其他女人能够作为其依赖对象。在这个阶段如果突然丧失了习惯的母爱，而没有适当的替代品的话，（加上其他严重的情况）可能会导致婴儿的严重抑郁（Spitz，1945），或者轻微但长期的哀伤——这可能会为其余生定下抑郁的基调。但是，即使在有更多爱的环境中，这个阶段似乎也会在精神世界中注入一种分离的感觉和一种模糊而又普遍的对失去的天堂的怀念之情。

基本的信任必须被建立并且维持下去，因为它能对抗剥夺、分离及抛弃的混合印象——而所有这些印象都会留下基本不信任的痕迹。[4]

2

我们说的"信任"与泰蕾莎·本尼德克①说的"信心"是一致的。我更喜欢"信任"，因为它包含了更多的纯粹性和相互性——我们可以说婴儿是易于信任他人的，但是说婴儿"有信心"就言过其实了。而且，信任通常不仅意味着一个人学会了依

---

① 泰蕾莎·本尼德克（Therese Benedek），德裔美国人，精神分析领域的先驱，在心身疾病、性功能失调、家庭动力以及女性性心理发展等方面有所建树。

赖具有一致性和连续性的外部供养者，还意味着一个人可以相信自己，相信自己的器官处理紧急情况的能力，意味着他知道自己是值得信任的——因此其供养者无须保持警惕或者离开。

在精神病学的文献中，我们会频繁地发现"口欲期性格"这种提法。这是一种在本阶段未解决冲突的基础上形成的性格偏差。一旦口欲期的悲观主义成了主导，那么婴儿期的恐惧，如害怕"被单独留下"或仅仅是"被留下"、害怕"缺乏刺激"等，都可以在"空虚"和"不好"的抑郁形式下被识别出来。这些恐惧转而赋予口欲期贪婪的特质——精神分析上称之为"口欲期施虐"。这是一种通过伤害别人来达到目的和获得满足的残酷需求。同样，有时口欲期特质也有积极的一面，比如当一个人学习如何给予及接收生命中最重要的东西时。"口欲"作为每个正常人的深层特征，是其在第一阶段对强有力供养者的依赖的持续残留。它通常表现在我们的依赖性以及怀旧情怀中，也存在于我们充满希望和极度绝望的状态中。口欲期与其后各阶段的整合导致了个体在成年期信仰和现实的结合。

口欲期的精神病性与非理性倾向完全取决于这个阶段与人格其他部分的整合程度、与大众文化模型的契合程度，及个体运用被认可的人际交往技巧进行表达的水平。

因此，无论在哪里，我们都认为有必要将婴儿的*冲动在文化模型*中的表达作为讨论的主题。人们或许会（或许不会）认为，婴儿的冲动在文化或民族整体的经济或道德系统之中是一种病态的偏差。例如，有人可能会信心满满地相信"运气"——传统的美国人相信自己拥有丰富的资源并且受到命运的垂青。这种信念在某些情况下会被视为堕落，如大规模的赌博游戏、随性且往往带有对命运自杀式挑衅的"冒险"、坚信自己与其他能力相仿的投资者拥有均等的机会且比他们更易获得垂青。在相似的方式下，通过新旧味觉、吮吸、呼吸及咀嚼、吞咽和消化所获得的快感慰藉会变成严重的成瘾状态——这不是我们心中基本信任的表现，也对其无益。

此时，我们明显正在谈论一种现象，而对此现象的分析则需要一种针对人格和文化方面的综合性方法。基于此，在分析多少有些被恶意解读的"精神分裂症患者"口欲期特质问题，以及看似体现口头保证与基本信任的潜在不足的心理疾病时，要采用流行病学的方法。与我们所谈论的现象密切相关的是一种信念（这种信念在当代许多产科和儿科的儿童护理方法中有所反映），即认为在童年最初期建立的基本信任感可以减少成年人对轻度或重度成瘾、自我欺骗和贪婪掠夺等形式的依赖。

无论怎样，精神科医生、产科医生、儿科医生以及人类学家（他们是我觉得最亲近的同人）在今天会同意这一观点：*建立超越了基本不信任感的、平衡的、持久的、稳固的基本信任感的模式是刚萌芽的人格的第一要务，因此也是母亲照料和看护的首要任务*。但需要指出的是，源于婴儿最早期经验的信任的总量似乎并不取决于*食物或爱的表达数量*，而取决于*母婴关系的质量*。

母亲通过管理孩子，创造出对孩子的信任感——这种管理究其根本，在可信赖的群体生活方式中将对婴儿个体需求的悉心呵护和坚定的人际信任感结合了起来。（由此，孩子形成了身份认同的基础，并能够在不久的未来把"满意"的感觉、成为自己的感觉以及他人相信自己将成为什么样的人的感觉结合起来。）父母不仅必须通过禁止或允许等特定方式对孩子进行引导，还必须能够向孩子呈现一种深层的、几乎是躯体上的信念——他们正在发生的行为本身具有某种意义。只有这样，人们才可以把传统的儿童照料和看护系统看作建立信任的一个因素——尽管传统中的某些部分单独来看似乎具有不合理或者不必要的严酷。这在很大程度上还取决于这些传统是不是被拥有坚定传统信念的父母强加于孩子的，以及父母在和孩子或他人（岳母、医生、牧师）相处时，为了平息怒火、缓解恐惧或赢得争论，是否滥用了对孩子的管理。

时代在不断变化，而不同时代的人是如此不同，以至于一个时代的某些传统在另一个时代可能会成为人们的障碍。母亲的方式与某种自创的方式之间的冲突、专家的建议与母亲的方式之间的冲突、专家的权威与个体的顽固习惯之间的冲突，都可能会干扰母亲对她自己的信任。此外，美国人生活中大规模的改变（比如迁徙、移民、美国化、工业化、城市化、机械化等）很容易干扰年轻妈妈们简单但意义重大的工作。因此无怪乎班杰明·斯帕克将其著作（1945）第一章的第一部分命名为"信任你自己"。

专业的产科医生与儿科医生尽管可以通过给予保证和指导来取代传统的力量,却没有时间变成神父,去倾听所有的质疑与恐惧、愤怒与争论——而这些可能装满了孤独的新手父母的脑子。也许对于斯帕克的这本著作我们应当开展小组学习,这样真正具有心理学精神的集会才能建立起来。在这样的氛围中,人们认同某个观点不是因为某人这么说过,而是因为观点与情绪、偏见与错误的自由发表能够引发广泛的相对赞同与善意宽容。

这个章节已经变得冗长了。不幸的是,此处所讨论的问题必须追溯到人类心灵最初、最深的层面,而我们对其所知甚少。但是,我们既然已经开始做一般的观察研究,就必须提出一个关于文化制度和传统习俗的与信任有深层关系的词:宗教。

该不该通过某些特定的语言或仪式来承认和践行宗教,不是由心理学家决定的。心理学观察者在任何观察过的地区,都必须询问:宗教与传统是否都是鲜活的心理力量,创造着信念与信仰,并渗进了父母的人格,从而强化了孩子对世界的基本信任?一个令精神病理学家无法回避的事实是,如果没有宗教的支持,成千上万的人将无法承受生活的压力。而那些感到自己不需要宗教的人,不过是在黑暗中吹着口哨给自己壮胆。另外,仍然有许多人从宗教信条之外(比如从友谊、生产性工作、社会活动、科学研究以及艺术创作中)获得信仰。此外,还有成千上万的人自称是有信仰的,实际上却表现出对生活和人类的不信任。考虑了这些事实,我们似乎可以做出这样的猜测:宗教在几个世纪以来使信任感在信仰中定期得到恢复，同时为它所禁止的罪恶感提供一种公开的、可被感知的形式。所有的宗教都有些共同点，如定期向那些提供世俗财富和精神健康的人示以孩子般的臣服；通过简化的姿势和卑微的姿态表明个人的渺小和依赖；用祈祷和歌唱忏悔过失、过思和恶意；承认内心的分裂，请求神的指引以达到内心的统一；需要更清晰的自我描述与自我约束；形成一种内在洞见——个体的信任必须变成共同的信仰，而个体的不信任必须变成被系统阐述的共同罪恶；同时，个体对信任恢复的需要必须变成诸多宗教仪式中的一部分，且必须变成群体可信赖性的标志。

皈依宗教的人都能从中获得信仰，并以基本信任的形式将这种信仰传递给孩子，而那些声称不信仰宗教的人必须从其他地方获得基本信任。

自主对羞耻、怀疑

1

斯帕克的书中"一岁的孩子"和"管理你的孩子"两篇文章提到的一些事项能够让目前家中还没有"好奇的小精灵"的人回忆起自己过去的冲突、胜利和失败。这些事项包括:

- 他很放纵;
- 他具有探索的激情;
- 他变得越来越独立,也越来越依赖;
- 应当为乱晃的婴儿提供场所;
- 应当避免发生意外;
- 是时候把有毒的东西放到他够不着的地方了;
- 应当让他远离某些东西;
- 他会扔掉或抛开某些东西;
- 他学着控制攻击性情绪;
- 他爱咬人;
- 他有个愉快的睡前时光;

・他晚上不愿意躺在床上。

我将书中描述的问题列成了清单，不过没有在此处回顾斯帕克医生给出的很棒的建议，以及他在描述异常的安逸与实际情况时保持的良好平衡——对于本阶段或任何阶段的儿童，托儿所都应该做到这些。即便如此，仍有迹象显示出一种被束缚或释放的危险力量的存在，特别是在不平等意志的游击战中。因为孩子往往不能控制自身强烈的驱力，而他与父母的关系并不平等。

这一阶段的全部意义都蕴含在以下三点中：肌肉系统的成熟；随之而来的用于协调一系列冲突强烈的动作（如"坚持"和"放手"）的能力（及其引发的双倍的无力感）；仍然具有极大依赖性的孩子赋予自主意志的巨大价值。

心理治疗师提出的"肛欲"丰富了我们的词汇。它用于指示在这个阶段往往依附于排泄器官的特有的愉悦与任性。当然，肠子和膀胱尽可能彻底排泄的整个过程从一开始就因为"感觉良好"，事实上也就是"干得漂亮"，而受到强化。这种附加的感觉必然地弥补了生命早期因为学习排泄而遭受的十分频繁的不舒服感与紧张感。两方面的发展逐渐使肛门经验得到了必需的累积——更成型的粪便以及肌肉系统的普遍协调使主动释放、下坠、排出这些行为成为可能。然而，新的解决方式并不局限于排泄——一种普遍的能力（事实上也是一种强烈的需求）产生了，即下坠与排出、保持与排出随意交替的能力。

只要肛欲还被适当关注，这个阶段中的每一件事情的发展就要取决于它在文化环境中的利用价值。有些文化背景下的家长会忽视肛门的行为,让大些的孩子带着年幼的孩子去灌木丛中解手,并期待幼儿顺从地按照他们的意愿去模仿大孩子。在西方文明中,某些阶层的人对待此事尤其严肃。正是在这里,机械时代为我们新增了一个受过机械训练、拥有完美功能,并且一直保持干净、守时、无体臭的理想原型。另外,人们在意识上基本认同的一点是,生命早期严格的训练对于培养恰当的人格来说是绝对必要的。在要求整齐、守时和节俭,并宣称"时间就是金钱"的机械化世界里,只有恰当的人格才能高效地运转。种种迹象表明,我们在这条路上已经走得太远了——我们假定孩子是必须接受调教的动物或必须被设定和校准的机器。然而事实上,人类的美德只能按部就班地发展。至少,我们的临床工作已经证实,这个时代的神经症都包含了"强迫症"的特征,病人在爱情、时间、金钱,甚至是大小便的处理上都显示出吝啬、眷恋(retentive)与小心翼翼。同样,在广泛的社会层面,排便训练已经成了儿童训练中最令人头疼的项目。

那么,是什么使肛门问题变得如此重要而困难呢?

肛门区比其他部位更适于表达对矛盾性冲动固执的坚持。首先,它是保持和排出这两种相互矛盾的方式必须交替发生的典型区域;其次,括约肌是肌肉系统中具有紧绷和松弛、弯曲和伸展的两可性的唯一部位。因而,整个阶段变成了一场争取*自主性*的战斗。当幼儿准备好用自己的脚稳稳地站立时,也就学会了用

"我""你""我的"来描绘他的世界。每一个母亲都知道，在这个阶段，当儿童决心要做他应该做的事情时，他会表现出多么令人吃惊的适应性。然而，要找出一个可靠的办法使孩子去做那些事是不可能的。每一个母亲都知道，本阶段的儿童依偎着成人时是多么深情，而他突然要推开成人时又是多么无情。与此同时，儿童会有这样的倾向：易于贮藏物件，也易于抛弃它们；会死守着自己的东西，也会把它们从房子和车子的窗户抛出去。我们因此把所有这些貌似矛盾的倾向概括为保持/排出的方式。

此时，成人与儿童相互调节的模式面临着最严峻的挑战。如果家长坚持用过严或者过早的外部训练来剥夺孩子自愿且自由尝试*逐渐*控制排泄和其他功能的机会，那么可能会加剧孩子的反抗与挫败。由于觉得对自己的身体和外部都没有控制力（有时候会害怕粪便），孩子会被迫通过退行或虚假进步的方式来寻求满足与控制感。换言之，他将退回到早期的口欲控制方式，即吮吸拇指，并变得牢骚满腹且难以取悦，或充满敌意、任性，且常常用粪便（到后期会演变为脏话）作为武器；或者他会假装独立自主，假装拥有不需要依靠任何人的能力——事实上他丝毫没有得到这种能力。

因此，这个阶段决定了爱与恨、合作与任性、自我表达的释放与压制之间的比例。*没有丧失自尊的自我控制感造成了持久的自主感与荣耀感；肌肉和肛门的无能感、自我失控感以及父母的过度控制造成了持久的怀疑与羞耻。*

为了发展自主性，稳固的、令人信服的、持续的早期信任是必需的。婴儿必须相信，他对自己和对世界的基本信任——这是从口欲期冲突中挽救出来的持久的财富——不会受到突如其来的强烈愿望（包括选择、霸占和强制消除）的危害。*稳固性*必定能保护他，使他不会因陌生的被歧视感以及谨慎导致的无法坚持和放手而产生潜在的混乱。然而，婴儿所处的环境必须支持他"以自己双脚站立"的愿望，否则会令他产生贸然而愚蠢地将自己暴露于羞耻或次级不信任的感觉（例如"过后才恍然大悟"、怀疑），并因此而受到极大影响。

*羞耻*作为婴儿的一种情感，还未被充分研究。它假设一个人完全暴露在外，并且意识到自己正在被围观。简言之，它是一种自我觉察。在本阶段，它是一种可见的、但还没做好准备被看见的状态。因此，我们梦见的羞耻情景往往是这样的：我们穿着睡衣，衣冠不整，"内裤掉在地上"，并且被人紧盯着看。羞耻感在早期是通过把脸埋进地里或找个地缝钻进去的冲动来表达的。一些原始人会将"羞辱（shaming）"作为唯一的教育方法，充分地利用它的潜力。在这种情况下，它取代了我们稍后将讨论的常常更具有破坏性的内疚感。在一些文明中，羞辱的破坏性则通过"*保全面子*"的办法来维持平衡。"令人蒙羞"造成了一种日益增长的渺小感——当儿童站立起来，并且意识到大小与力量的相对差别时，这种感觉便开始充满矛盾地发展了。

过多的*羞辱*非但不能建立规矩感，而且在不被看见的情况下会促生逃脱惩罚的秘密决定——前提是该决定不会真的导致刻意的无耻行为，而事实也的确如此。有一首令人印象深刻的美国民谣，讲述了一个杀人犯在众目睽睽之下被吊死在绞刑架上的故事。这个杀人犯不仅没有感到某种程度的害怕或者羞耻，反而开始责备围观者，以"上帝诅咒你们的眼睛"对人们进行挑衅。许多小孩在受到的羞辱超过可以忍受的限度时，可能会有一种要以同样的措辞来表示挑衅的情绪（尽管他们没有勇气，也不会表示）。我想说明的是，当被迫承认自己、自己的身体、自己的需要以及自己的愿望是罪恶和肮脏的，并且相信做出这种判断的人永无过错时，儿童或成人自身的承受力是有限度的。在偶然的情况下，他也可能将事情彻底反转，变得暗自无视他人的看法，并认为只有那些人的存在这一事实是罪恶的——只要自己离开他们，或者让他们消失，自己的机会就来了。许多暴力少年和年轻罪犯都持有这种想法。我们至少应该给予他们一次被研究的机会，去找出是什么环境使他们变成了那个样子。

肌肉的成熟为两种同步发生的社会模式——*坚持与放手*——的试验设定了舞台。和所有的社会模式一样，它们的基本冲突最终导致了充满敌意或善意的期望和态度。所以，"坚持"可以变成一种具有破坏性的、残酷的保留或抑制，也可以转变成一种照顾的形式——"占有并保留"。而"放手"也可以变成一种有害的对破坏性力量的释放，也可以变成轻松的"放过"和"顺其自然"。从文化的角度来说，这些模式无所谓好坏，对其价值的判断依据是，个体的敌意指向敌人还是同伴抑或自己。

最后一种危险是精神病学中最为人熟知的。在否定了有良好指导的、渐进的、拥有选择自由的自主性经验后，或者在被初始信任的缺失削弱后，敏感的儿童可能转而反对自己——全身心投入歧视和操纵的行为中。他会*过度控制*自己，发展出*早熟的良心*；他占有物品不再是为了通过反复地玩耍检测它们，而是因为沉迷于自己的重复性动作；他会要求每件事物都"井井有条"，并且遵循唯一确定的顺序和节奏。通过婴儿式的沉迷（比如磨蹭），或者变成坚持某种仪式的人，孩子在某些不能找到大量互动规则的领域获得了控制父母和保姆的力量。于是，这种空洞的胜利就成了强迫性神经症的婴儿模式。至于这对成人性格的影响，可以在我提到的典型的强迫性人格中观察到。我必须补充说明的是：这种性格的人被"期望侥幸逃脱"的愿望所支配，却无法逃避这一愿望本身。因为，尽管他从他人那里学会了逃避，但是他早熟的良心不会真正让他逃走。他会在习惯性的羞耻、歉意以及害怕被发现中度过一生；否则，他会在一种被我们称为"过度补偿"的方式中显示出一股目中无人的自主性——而真正的内在自主性不是显露在外的。

2

现在我们关注的焦点是时候从异常者回到本章的主题上来了。对此，儿童心理医生给出了实用而有益的建议。这些建议总结起来就是：在这个阶段，请坚定而宽容地对待孩子，这样才能使他在日后坚定而宽容地对待自己——他将为自己成为一个自主的人而感到骄傲；将给予他人自主权；甚至偶尔会让自己逃避一些事情。

那么，如果我们知道怎么做，为什么却没有详细告诉父母们该做些什么来激发孩子内在的、真正的自主性？这是因为当触及人类的价值观时，没人知道该如何制造正品或管理正品的制造。我自己的领域，即精神分析领域，已经专门研究了内疚感无缘无故过度增长，以及随之而来的孩子对自己身体的疏离，并尝试至少表明什么是不该对孩子做的。然而，这些阐述一旦落入那些因为模糊的警告就倾向于制定令人焦虑的规则的人手里，常常会变成迷信般的禁忌。事实上，我们只是在逐步了解有哪些事情是绝对不可以对*哪个年龄*、*哪种类型*的儿童做的。

全世界的人似乎都确信，为了制造出正确（合他们意的）类型的人，必须要持续不断地向孩子灌输羞耻感、怀疑感、内疚感和恐惧感。有些文化会在孩子生命的早期就呈现这些感觉，有些文化则晚些。这些文化灌输模式有的是暴风骤雨式的，有的则是循序渐进式的。进行过足够的对比观察后，我们会加入更多迷信色彩。这仅仅是因为我们希望*避开*某些病态的情况，而我们甚至无法确定导致该情况的所有因素。所以我们只能说：不要太早断奶，不要太早对孩子进行训练。然而，太早或太晚的界限似乎不仅仅取决于我们希望避免的问题，更取决于我们希望创造出来的价值，或者更坦白地说，取决于我们生存所需的价值。因为不论我们认真仔细地做了什么，儿童总能从根本上感觉到是什么让我们赖以为生，是什么使我们变得友爱、合作、坚定，以及是什么使我们变得愤恨、焦虑、分裂。

在渐成论的基本观点中，一些必须避免的部分被清晰地提了出来。我们应该记得，每个新的发展阶段都有着特定的脆弱性。例如，八个月左右的孩子似乎在某种程度上可以意识到自己的*独立性*——这让他准备好迎接即将到来的自主感。与此同时，他对母亲的特征与存在及陌生人有了更多的认识。此时，与母亲突然或者长时间的分离，会让敏感的孩子明显地体验到加重的分离感和被抛弃感，从而引发其强烈的焦虑与退缩。另外，在出生后第二年的前三个月，如果一切正常，孩子会开始意识到本章所讨论的自主性。在此时引入排便训练可能导致儿童用自身所有的力量与决心做出反抗，因为这种训练会使他觉得自己正在萌芽的意志似乎将被"打碎"。在这个时候，避免让孩子产生这样的感觉当然比坚持训练更重要。自主性在某个阶段必须占有绝对优势，而在另一个阶段则可以做出一些退让——这显然会出现在个体获得并强化了自主性的精髓，以及获得了更多的洞察力之后。

只有在此阶段，对人格最关键成长期的更准确的定位才能被人接受。通常，引起烦恼的不可避免的因素不是一个事件，而是同时发生的许多变化。这些变化打乱了儿童的目标——当全家迁徙到一个新地方时，他可能正在经历一个特殊的成长阶段；当他正牙牙学语时，教导他的祖母可能突然去世了；他的母亲可能在那段时间碰巧怀孕了，一次出门就会让她筋疲力尽，因此回家后无法对他做出适当的补偿。如果父母对于生活及其起伏变化有着正确的态度，通常就能够处理这些问题——有必要的话，可以求助儿童心理医生或心理辅导专家。然而，专家的工作是"*在可接受的并且合乎需要的选择内设定参照系*"（引自弗兰克·弗里蒙特·史密斯）。因为根据最终的分析（正如已经说服了我们中许多人的基于儿童训练的对比研究所指出的），父母能在何种程度、何种范围上给予小孩子自主感取决于他们从生活中得到的尊严与独立感。同样地，信任感反映了父母坚定而现实的信仰，而自主感反映了父母作为个人的尊严。

如同"口欲期"人格一样，（"肛欲期"）强迫性人格具有正常的一面，也有异常、夸张的一面。如果能够很好地与其他补偿性的特征整合的话，一定程度的强迫性在需要秩序、守时和整洁的管理方面是有用的。但一直以来的问题是，到底是我们通过把事情安排得更加易于把控（而不是更加复杂）以保持对规则的控制，还是规则控制了我们？但在个体乃至群体的生活中，常发生的是，规则的教条杀死了创造它们的精神。

3

我们已经把基本信任与宗教制度联系了起来。而在成人的秩序中，界定个体*自主性*的基本需求似乎反而被"*法律和秩序*"所

看护——无论在日常生活中,还是在最高法院的审判里,"法律和秩序"都向每个人分配了特权和制约、权利和义务。在童年的第二个阶段产生或应该产生的自主感是通过对孩子的训练来培养的。这种训练对父母而言,显示出一种恰当的尊严和合法的独立性;对儿童而言,则使他坚信在童年培养出来的自主感不会在未来遭受挫折。这转而使父亲与母亲的关系、父母与雇主的关系、父母与政府的关系成为必需;而这种关系再次肯定了父母在社会阶层中必要的尊严。牢记这一点是重要的,因为儿童的许多羞耻和怀疑、无礼和犹疑都是父母在婚姻、工作和公民归属感中受挫所导致的。因此,儿童的自主感(即一种通常在美国人的童年中会被充分培养的感觉)必须通过在经济和政治上保持高度的自主感与独立性来获得支持。

社会组织运用政府的权力为管理者分配了领导的特权和行为责任;同时,也把服从的责任和保持自主性与自我决断的特权强加给被管理者。然而,这样一来,整个问题就变得模糊了——个体自主性的问题既成了精神健康的问题,也成了经济重新定位的问题。大量的人在童年期已开始期望从生活中获得高度的自主感、自豪感与机会,结果在之后的生活中却发现自己被复杂到难以理解的高于人类的组织和机构管理着。这可能会导致其长期深切的失望,不利于愿意给予自己和他人自主性的健康人格的成长。所有的大国(和所有的小国)正面临着现代生活中愈发复杂和机械化的挑战,并被有着更多部门、更大领域及更大相互依赖性的组织包围着；而这一切都不可避免地导致了个体角色的重新定义。对于一个国家乃至世界的精神而言，为了满足日益复杂的组织体系中功能细化的需要，培养平等性和独特性意识格外重要。否则，人们的恐惧就会被大规模地唤醒并以焦虑的形式表现出来。这种焦虑常常细微到几乎难以被察觉，尽管如此，却又不可思议地令人们心烦意乱——这些人表面上看起来似乎拥有他们想要的或有权期望得到的一切。除了"不要把我围住"这种非理性的对失去自主性的恐惧，他们还担心自由意志被内部的敌人所破坏，害怕自主的进取心遭到限制与束缚。与此同时，匪夷所思的是，他们还害怕自己没有被彻底地控制住以及没有被告知该做什么。尽管许多此类恐惧是出于对危险（主要指复杂的社会组织中固有的危险，以及争取权力、安全和安定的过程中固有的危险）的理所当然的现实评价。但它们似乎一方面导致了神经症和心身障碍，另一方面又使口号式的话语容易被接受，从而（似乎）通过过分且不合理的从众使问题得到了缓解。

主动对内疚

1

在找到解决自主性问题的方法后,四五岁的儿童将面对下一个阶段及下一个危机。由于儿童已经坚信自己*是*一个人,他接下来必须要思考的是他将成为*什么样*的人。此时,他把自己和一个对他来说不亚于明星的人联系在了一起——他想要像父亲／母亲一样。对孩子而言,父母显得非常强大、非常漂亮,同时有着十分不合理的危险。他"认同他们",并幻想如何才能变成他们。这个阶段的儿童在三个方面有着突出的发展:(1)他学会了更加自由、更加剧烈地*四处走动*,并因此建立了一个更加广阔的、对他而言似乎没有边界的目标;(2)他的*语感*趋于完美,可以在很多事情上指出自己理解的地方,并可以询问哪些地方是自己完全误解的。(3)语言能力与运动能力扩大了他对许多事物的*想象*,以至于他不可避免地被自己梦到和想到的事物吓到。这些发展让他离危机更近。尽管如此,他必然从中获得一种*完整的主动感*,并将其作为崇高而又现实的抱负和独立感的基础。

此时,可能有人会问,也确实有人会问:这种完整的主动感的标准是什么呢?我们讨论的所有"……感"的标准都是一样的,即一种充满恐惧感的危机,至少是一种广泛的焦虑感或紧张感,似乎被解决了,因为儿童的身体和心理似乎突然间"一起成长了"。他似乎"更像自己了",变得更加友爱,更加放松,在判断上也更加聪明了(虽然在本阶段依然很差)。最重要的是,他似乎可以说是自我激励的——过剩的能量自由地支配着他,让他可以很快忘记挫折,并且带着不灭的热情和指向明确的努力去接近看上去值得拥有(尽管似乎也带着危险)的目标。通过这种方式,孩子和父母在开始面对下一个危机前能有更充分的准备。

我们的分析现在接近了三岁的末尾。对于这个阶段的儿童来说,行走正变成一件轻松或充满活力的事情。书本告诉我们,儿童在很早之前就"能走路了",但是从人格发展的观点上看,只要他多少还需要借助一些道具才能进行短时间的行走,他就不算真正学会走路。当他感到重心落在了*身体范围之内*,当他忘掉了自己正在走路,并且发现能够*用行走*来做什么时,才真正将行走(跑步)变成自己掌握的一项技能。只有这时,双腿才成了他的一个无意识的部分,而不是一个外部的、不可靠的可以走动的配件。只有这时,他才能在发现*能*做什么的同时,有效地发现*可能*能做什么。

我们做一个回顾:第一个停靠站的任务是比较轻松的。呼吸、消化、睡眠的基本机制与母亲提供的食物和舒适感有着持续而熟悉的关联——而以这些经验为基础的信任则使个体有了发展坐和站的能力的热情。第二个停靠站的任务（在两岁结束时才完成）不仅是安全地坐着，更确切地说是不知疲倦地坐着。这一能力使肌肉系统可以逐渐被用于识别更细微的差异及更自主地进行选择和抛弃、堆积和随意扔掉。

到达第三个停靠站的儿童能够独立并充满活力地运动，他准备将自己视为与周围穿梭徘徊的成人一样大的人。他开始进行比较，并产生了一种不倦的好奇心——通常关心年龄差异，但也特别关注性别差异。他试图理解自己未来可能成为的角色，或者至少理解什么样的角色是值得模仿的。他现在能够与同龄人进行交往，这是一种更直接的方式。在比自己年长的儿童或指定女监护人的指导下，他逐渐进入幼儿园、街角或打谷场的幼稚的政治生活中。现在他的学习具有显著的侵入性和活跃性，引导他突破自己的局限，去开拓未来的可能性。

这种*侵入模式*，主导了这个阶段的许多行为，是各种形态"相似"的活动和幻想的特点。这些行为包括通过肢体攻击侵入别人的身体，通过言语挑衅侵入别人的耳朵和头脑，通过旺盛的运动能力侵入他人的空间，通过强烈的好奇心侵入未知的世界。*包容模式*也被认为普遍存在于两性之间，存在于接纳能力以及温和的认同之中。

这同样也是婴儿产生性好奇、生殖器兴奋，以及对性关系偶尔的执着与过度关注的阶段。此时的"生殖能力"当然是不成熟的，仅仅是即将到来的生殖能力的前身。通常，它并不特别引人注意。如果不是因为异常严格且直截了当的禁令（比如"如果你再动它，医生就会割掉它"）或者特别的风俗（比如群体性的性游戏）诱发了儿童早熟的迹象，它最多就是易于引发一系列诱人体验。这些体验很快就会变得令人害怕且毫无意义，因而足以被压制下去。这将导致人类特性（the human specialty）占据支配地位。弗洛伊德称这个阶段为"潜伏期"，也就是儿童的性欲与身体的性成熟之间漫长的延迟期。（动物的性成熟紧跟在性欲的觉醒之后。）

男孩的性欲发展聚焦于阴茎及其感觉、目的与意义。尽管出于本能反应或为了应对使其感觉紧张的人或事，男孩勃起的情况无疑会出现得更早，但直至此时，其兴趣才开始聚焦于两性生殖器，并且渴望进行嬉戏式的性活动，或者至少做一些性探索的行为。由此，他们增强的运动控制能力、身为"大"人的骄傲，以及几乎和父母一样好的感觉，遭受了最严重的挫折——自己在生殖方面还差得远；而且，他们还遭遇了另一个挫折——在遥远的未来，他们不可能成为与母亲发生关系的父亲或与父亲发生关系的母亲。这种洞见带来的非常深刻的情感体验以及与之相关的极端恐惧共同构成了弗洛伊德所说的俄狄浦斯情结。

精神分析证明了简单的结论，即男孩的第一个性爱慕对象是用其他方式给予他身体舒适感的女性成人，随后发展出的第一个性方面的竞争对手是该女性成人的性伴侣。相反，小女孩则依恋于她的父亲或者其他重要男性，忌妒她的母亲。这使她非常焦虑，似乎在阻止她成为和母亲一样的人，也使她觉得母亲的反对变得格外危险，并使她在潜意识中认为自己是"罪有应得的"。

女孩通常在这一阶段将经历一段艰难的时期，因为她们迟早会发现，虽然自己在运动、智力以及社会侵入性方面的发展跟男孩比起来毫不逊色，甚至变成了完美的假小子，但她们没有阴茎及与之相伴的，在某些文化与阶层中的重要的特权。当男孩拥有可见的、能勃起的、可理解的、能够与成人的巨大（bigness）相联系的器官时，女孩的阴蒂只能让她勉强维持性别平等的梦想。她甚至还没有乳房这一近似真实的未来象征。于是，她的母性驱力被降格，她转而开始进行幻想或者照顾婴儿。从另一方面讲，当母亲主导家庭时，男孩反而产生了一种能力不足的感觉，因为这一阶段的他已经得知，即使自己能在游戏和工作中干得漂亮，也永远没有机会指挥家庭、母亲和姐姐。事实上，他的母亲和姐姐可能会因为自身巨大的疑虑对他进行报复。这让他觉得（由蜗牛和小狗尾巴制成的[①]）男孩如果不是一种令人厌恶的生物，至少也是一种真正低等的生物。这时，男孩与女孩都格外感激任何令人信服的承诺，如有一天他们会像爸爸妈妈一样优秀，甚至比他们更好；他们对每次一小点、不断被耐心重复的性启蒙心存感激。当必需的经济生活及简单的社会计划使两性角色及其独特的

---

① 来源于19世纪的一首童谣 *What are little boys made of*。

权力与责任变得可以理解时，关于性别差异的早期疑虑当然就更容易被整合到为区分性别角色而做的文化设计中去。

这个阶段为两性增加了基本的社会形态，用老话说就是"成长（making）"［（用现在的话来说就是"寻求成功（being on the make）"］。没有比它更简单、更有力的词语能够与前面列举的社会形态相匹配了。这个词暗示了欣赏竞争、坚持目标以及享受征服。对男孩而言，他们依旧通过正面的攻击来继续"成长"，而女孩则转变了方式，通过让自己更迷人、更惹人喜爱来继续"成长"。由此，儿童为*男性主动性*和*女性主动性*的发展奠定了先决条件，而主动性能够帮助儿童选择社会目标并在追求目标的过程中坚持不懈。因此，本阶段已经为开始生活做好了准备。只可惜首先到来的是学校生活，儿童必须压抑或者忘记他们最大的梦想以及最强烈的愿望。同时，他丰富的想象力也被驯服了；他开始培养必要的自制力和对客观事物及读、写、算的兴趣。这常常需要他改变人格，而且为了其自身利益，这种改变有时会相当激烈。这种改变不仅是教育的结果，还是内在重新定位的结果；它产生的基础是"性成熟的延迟"这个生物性事实及"童年愿望的压抑"这个心理性事实。因为急剧增长的想象力和（某种程度上）对增强的运动能力的陶醉共同激发了那些危险的俄狄浦斯期的愿望，所以隐秘的幻想急剧提升，其结果是一种深深的*内疚感*被唤醒了。这是一种奇怪的感觉，因为它似乎始终在暗示个体：他已经犯了罪，犯了错。而事实上，个体不仅没有犯罪，且从生理上讲也是不可能犯罪的。

　　争取自主性最糟糕的状况就是集中精力驱逐竞争对手。这更像是一种*忌妒性愤怒*的表达——通常表现为直接指向弟弟妹妹的侵占行为。尽管如此，自主性会带来*预期的对抗*——对手是那些先到达的，并且可能用较好的设备占领地盘的人。为无可争议的特权划界的尝试常常充满了怨恨，但在本质上是无效的——在这个过程中，忌妒和对抗达到了顶点，孩子期望通过最后的竞争获得陪伴父亲或母亲的有利位置，而必然且必要的失败引发了内疚与焦虑。儿童沉溺在变成巨人和老虎的幻想中，但在梦中，他却惊恐地追逐着宝贵的生命。这个时期正是害怕失去生命和肢体的阶段——男孩会害怕失去男性生殖器（作为对儿童性器兴奋幻想的惩罚）；女孩会坚信自己可能已经失去了什么。

　　所有这一切似乎让大家觉得很奇怪。人们只看见了孩子阳光的一面，却不曾识别出其潜在而强大的破坏性驱力。这些驱力在本阶段能够被唤醒，也能被暂时压制；这一切都是为了在之后促成内在的破坏力，然后等待时机成熟时将它唤醒、应用。通过使用"潜在""唤醒""时机"等词，我意在强调，只要我们学会理解童年的冲突与焦虑，以及童年对人的重要性，内在的发展中就不存在任何不能用于发展积极、平和的主动性的事物。但是，如果我们选择忽视或者轻视童年的现象，或者认为孩子们是"可爱的"（这是因为个体忘记了童年最美好和最糟糕的梦），我们将会永远忽视人类的生命力以及焦虑与冲突的一个永恒的源泉。

2

正是在主动性阶段,主动性的伟大统治者——*良心*,稳固地形成了。只有作为一个需要依赖的人,个体才能发展出良心,也就是对自己的依赖。这进而使他值得信赖。而只有在许多基本价值观都完全值得信赖时,他才能变得独立,才能够教导别人以及发展传统。

儿童到了这个阶段不仅会在被发现时感到羞耻,还会害怕被发现。可以说,他是在看不见上帝的时候就听到了上帝的声音。此外,他甚至开始自然而然地为自己的某些无人知晓的想法和行为感到内疚——这就是个体道德的基石。但是从心理健康的角度来看,我们必须指出,如果这一成就被所有过于急切的成年人赋予了过重的负担,那么将对儿童的心灵和道德本身产生不利影响。因为儿童的良心*可以*是低级的、残酷的、固执的,就像我们在许多例子中观察到的一样:他们学习如何全面约束自己;他们形成了一种机械的服从,而不是像父母所确切期望的那样;他们发展出了强烈的退行与持久的怨恨,因为父母在生活中似乎没有表现出自己在儿童身上培养的良心。儿童可能会发现,父母作为良心的榜样与示范,试图(以某些形式)"逃避"对违规行为的惩罚,而这恰恰是儿童无法容忍自己去做的。这时,对父母的厌恶将会造成他人生中最为深刻的一种冲突。这通常是亲子关系中存在的不平等所导致的,体现了成人对这种不平等关系的轻率的利用；并且这会使儿童认为全部的事情都不是普遍道德的结果，而是强权的结果。用超我"全有或全无"的特性搅拌过的猜疑与逃避，使作为传统之喉舌的教条主义人士成了自己和同伴潜在的巨大威胁。对他而言，道德似乎变成了报复的同义词、压制他人的代名词。

在这里，我们有必要指出这个阶段的儿童的道德主义（不要将其误认为是道德准则）的来源，因为幼稚的道德主义是儿童必须经历而且必须完成的阶段。在这个阶段，儿童的内疚感被唤醒了——它表现为一种深层的信念，即认为儿童或者驱力在本质上就是不好的。然而，内疚的后果直到很晚的时候才会表现出来，即当自我约束中出现了与主动性相关的冲突时。这种自我约束阻止个体实践内在的能力或想象与情感的力量（即便他不是相对的性无能或性冷淡）。当然，所有的这些可能反过来被"过度补偿"——表现为一种强烈的不知疲倦的主动性、一种不计代价的"努力"。很多成人认为，无论自己是谁，他们作为个体的价值和作为人的价值是一样的，都完全存在于*他们正在做的事情*中，或者更确切地说，存在于*他们下一步将要做的事情*中。他们的身体总是"忙个不停"；他们的"引擎"一直飞速运转，即使在休息的时候也一样。因此而产生的紧张感对当代心身疾病产生了巨大的影响——关于这一点，我们已经做了许多讨论。

然而，病理特征只是宝贵的人类资源被忽视的一个标志。这种忽视首先是从童年开始的。这又是一个相互调节的问题。儿童在准备好苛刻地对待自己时会逐渐发展出责任感，也会对制度、职能和角色——能够帮助他预见成人重大责任的事物——形成一些简单的认识；之后，儿童很快就会在挥舞微型的工具和武器、摆弄有意思的玩具及照顾自己和弟弟妹妹的过程中找到令人愉快的成就感。

由于一种蓝图（the ground plan）智慧，相比于这个时期，个体在其他任何时期都不可能做好如此多的准备，也不可能如此快速而热切地学习如何变成分担责任、纪律和麻烦事而非分享权力、*制造东西*或"制造"人类的"大人"。他有热情也有能力*把东西聚拢在一起*，会为了构思和计划联合其他儿童，而不是试图指挥和强迫他们；而且，他有能力也有意愿从与老师及理想原型的联系中充分获益。

父母常常不能明白，为什么有些孩子想他们的时间突然变少了，并且转而开始依恋老师、别人的父母，或者一些他们了解的专业人员，如消防员、警察、园丁、水管工。问题的关键在于，儿童不希望想到自己和同性别家长之间存在最根本的不平等关系，尽管他们仍然认同父亲或母亲，但在当下，他们也要寻找一些短期的认同，从而为自己保留一片没有太多冲突与内疚的主动性领域。

然而，儿童通常会接受同性别家长的指导，形成第二种（也是更现实的一种）认同。（这种情况在美国家庭中似乎更加典型。）这种认同建立在孩子与同性别家长一起做事时体验到的平等精神之上。在一些易于理解的工作中，一种伙伴关系在父子或母女间产生了——这是一种基本的*价值平等*的体验——尽管*在日程安排上并不平等*。这种伙伴关系不仅对于儿童和其家长来说是永久的财富，而且对于人类亦然。它的主要功能在于，缓和了所有潜在的、由体型或日程安排等方面对弱者的不公而引起的仇恨。

成长中的个体应当尽早预防或缓解内心的仇恨和内疚；而那些虽然*在类型、职能或年龄上不同，却自认为价值相同*的人们，也应及时处理在自由合作中产生的仇恨。只有让仇恨与内疚得到整合，个体才能平静地培养出主动性，获得一种真正自由的进取心。"进取心"这个词是经过慎重选择的——对儿童训练的对比观察表明，它是普遍的经济理想或其部分变式。当儿童认同了他的同性别家长，并将童年早期的梦想应用到活跃的成年生活的暗淡目标上时，进取心才被真正传递给了个体。

勤奋对自卑

1

有人可能会说，人格形成所围绕的信念在第一阶段是"我就是我被赐予的样子（I am what I am given）"，在第二阶段是"我是我将成为的样子（I am what I will be）"，在第三阶段是"我是我能想象到的未来的样子（I am what I can imagine I will be）"。现在，我们必须进入第四阶段，这时的信念是"我是我学习的事物（I am what I learn）"。儿童希望有人能向他展示如何处理事情以及如何与他人相处。

这种趋势在很早之前就出现在某些儿童身上了，他们希望观看事情是如何完成的，并且希望亲自去尝试。如果他们幸运地住在农庄或街道附近，周围有一群忙碌的成年人以及年纪相仿的孩子，那么当他们的能力和主动性突然加速发展时，就可以观察、尝试和参与。但是，现在到了*去学校*的时候了。在所有文化中，儿童都会在这个阶段接受系统的教育——尽管并不总是在受过良好教育的人组织的学校中由学习过如何教学的老师来指导。在不识字的群体中，儿童的很多知识来自成人——这些成人之所以成为老师，与其说是被任命的不如说是被推举的——而更多的知识来自比他年长的孩子。在更原始的环境中，儿童被教授的知识是与技术的基本使用技巧相关的。儿童会在准备好操作大人使用的厨具、工具和武器时获得这些技巧。儿童会非常缓慢但也非常直接地接触到本部落的技术。而有着更多细分职业的文明群体，则必须首先教给儿童一些使他有文化的东西。然后，尽可能广泛地为他提供基础教育机会，从而使他拥有最广泛的职业选择。社会越是专业化，儿童主动性的目标就越模糊；社会现实越复杂，父母在其中的角色就越模糊。因此，在童年与成年之间，孩子必须要去学校。学校似乎自成一个世界，有着自己的目标与限制、成就与挫折。

文法学校（grammar school）的教育在两个极端之间来回摇摆。一个极端是通过强调做*被吩咐*的事情时的自我约束感与严格的责任感将早期的学校生活变成灰暗成年的外延；另一个极端则是将早期的学校生活变成童年自然趋势的延伸，从而使孩子通过游戏，通过一步一步地做自己喜欢做的事情来学习自己必须做的事情。这两种方式在某些时候对某些儿童是有效的，但不会在所有时间对每个儿童都有效。第一种极端情况会导致学前期的儿童和文法学校的儿童变得完全依赖于规定的责任。他会因此非常确信责任是一种绝对必要的东西，并产生一种不可动摇的责任感；但是，他可能永远无法摆脱一种无用且昂贵的自我约束——这在未来可能会使他及身边的人都痛苦不堪，而且事实上也毁灭了儿童学习与工作的自然欲望。第二种极端情况不仅会导致众所周知的广泛性抵触，令儿童再也无法学习任何东西，而且会导致一种担忧的感受。在某天早晨，这种感受被一位大都市的儿童用一句话表达了出来："老师，我们今天*必须*去做我们想做的事情吗？"这句话清楚地表明，这个年龄的儿童*确实*喜欢被温和但坚定地强迫着进行探索之旅，进而发现人原来可以学会完成自己从来没有想过要独立完成的事情，学会完成许多不具有游戏性和幻想性而具有现实性、实用性和逻辑性的有吸引力的事情，学会完成能够带来成人世界参与感的事情。在讨论这类问题时，人们常常认为一个人必须在游戏与工作、童年与成年、传统教育与现代教育之间找到一条中庸之路。走出一条中庸之路——这说起来总是很容易，但实际上，做起来常常充满了逃避而非进取。因此，我们不应该再追求一条避免极端——简单的游戏或者艰辛的工作——的道路，而应该思考一下游戏是什么、工作是什么，然后让二者混合交替进行，相互融合。让我们简单回顾一下，在童年与成年的各个阶段，游戏可能意味着什么。

　　成人为了休闲娱乐而玩游戏。他走出自己所处的现实，进入想象的现实中，而且为其制定了随意但必须遵守的规则。（但是成人如果成为浪子，则很难逃脱惩罚。）只有工作的人才可以玩游戏——事实上，只有通过玩游戏，他们才能够放松自己的竞争意识。

于是，玩游戏的儿童提出了一个问题：是不是任何不工作的人都不应当玩游戏？为了容忍孩子的游戏，成人必须创造一些理论来说明这些游戏确实是孩子的工作，或者它们并不重要。对观察者而言，最受欢迎的、最简单的理论是，儿童是无足轻重的，而其游戏的荒唐性恰好反映了这一点。斯宾塞认为，游戏消耗了幼小的哺乳类动物过剩的精力——孩子们无须自给自足或者自我保护，因为他们的父母已经为他们提供了一切。另一些人则认为，游戏是为未来所做的准备，或者是释放过去情绪的方法，抑或是通过想象释放过往创伤的手段。

事实上，儿童的游戏常常被证明是幼儿思考难以理解的体验以及*恢复控制感*的方式，它类似于我们在沉思中、无休止的谈话中、白日梦中以及睡梦中重复太过丰富的经验的方式——这是游戏观察、游戏诊断以及游戏治疗的基本原理。在观察儿童做游戏时，受过训练的观察者能够留意到孩子"思考"的内容以及他们会出现的逻辑错误和情感僵局。作为一种诊断工具，观察法是必不可少的。

儿童建立的易于管理的玩具小世界是一个港湾，让他在需要对自我进行大的调整时可以返回。但是，这个小世界有自己的秩序——它可能会拒绝重组，或者很容易破碎；也可能被证明是属于别人的，会被地位高的人没收。因此，游戏或许可以诱导孩子毫无防备地表达危险的主题与态度——这样会引起焦虑，进而导致*游戏突然中断*。这是焦虑的梦境在现实中的对应物。这种焦虑会让孩子们无法玩耍，就好像夜晚的惊骇让孩子无法入睡一样。如果因此感到害怕与失望，孩子们可能会退行到白日梦中，通过吸吮手指来自慰。另一方面，如果儿童第一次使用小世界是成功的，并且接受了恰当的指导，那么他*控制玩具的乐趣*就和*控制投射在玩具上的冲突*以及通过这种控制获得的*威严*联系在了一起。

到了进幼儿园的年龄，儿童的游戏进入了*与别人共享的世界*。最初，他人可能被视为物体，被审查、被碰撞或被强迫"当马"。为了发现游戏中的哪些内容只能独自进行、哪些内容只能在玩具和小物品的世界里才能成功地得以反映、哪些内容可以跟小伙伴一起分享或者可以强加给他们，学习是必要的。

那么，什么是儿童的游戏？我们发现，它跟成人的游戏是无法相提并论的。它并不是一种消遣方式。玩游戏的成人进入另一个平行的人造现实中；玩游戏的儿童则迈向了拥有*真正控制感*的新阶段。这种新的控制感不仅是对玩具或*事物*的技术性控制，还包括通过幼稚的冥想、试验、计划与分享等手段对*经验*进行的控制。

2

尽管所有儿童都时不时地需要独自做游戏（稍大一些的儿童伴着书本、广播、动画片和电视做游戏——这些媒介像旧时的童话故事一样，至少有时能传递适合儿童思维的事物），尽管他们还需要花几小时甚至一整天在游戏中假想，但是他们所有人迟早会感到不满足和不满意，因为他们感觉不到有用性，没有能够做事情、做好事情甚至是把事情做完美的感觉——这种感觉被我们称为*勤奋感*。没有这种勤奋感，即使最喜欢玩乐的儿童也会很快表现得像被剥削了一样。似乎他和社会达成了共识：既然他在内心上已经有点儿父母的样子了，那么他必须在成为生物意义上的父母之前开始有点儿劳动者或者潜在抚养者的样子。随着潜伏期的到来，正常发展的儿童会忘记通过直接攻击来"制造"人类的迫切需求或成为父母的急切愿望，因为他现在学会了通过*生产东西*来赢得认可。我们可以将这种情况更准确地称为"升华"，即发现了更有用的追求和被认可的目标。他产生了勤奋感，也就是说，他让自己适应了工具世界冰冷的规则（the inorganic laws）。他变成了生产情境中一个热情而专注的人。创造一个高产的环境成了他新的目标，并逐渐取代了他怪异驱力和个人失望造成的奇想和愿望。正如他曾经不知疲倦地学习走路和学习扔东西一样，现在他想要学习制造东西。在持续的专注和不舍的勤奋之下，他产生了*完成工作*的乐趣。

这个阶段的危机是产生*匮乏感与自卑感*。这可能是由之前未能充分解决的冲突所引发的：他可能还是需要妈妈甚于需要知识；他可能还是愿意在家里做个小孩子，而非在学校做个大孩子；他可能仍旧将自己与爸爸进行比较，并因此产生内疚感与身体上的自卑感。家庭生活可能还没有为他进入学校生活做好准备，或者学校生活没能让他维持早前的期望——因为他做得不错的那些事情似乎对于老师来说根本不重要。于是，他可能会再一次蛰伏——如果他在本阶段没有被唤醒，可能会在之后被唤醒，也可能永远不会被唤醒。

好的、健康的、轻松的、被社区信任并尊敬的老师能够理解这一切并知道如何引导这个阶段的孩子。老师们知道如何让玩乐与工作、游戏与学习交替进行；知道如何识别特殊的活动；知道如何激发孩子的特殊才能；知道如何给孩子时间；知道如何对待那些觉得学校不重要、上学是一种煎熬而非享受，或其他同学比老师重要的孩子。

好的、健康的、放松的父母期望孩子能信任老师，因此也期望能遇到值得信任的老师。在这里讨论老师的选拔、培训、地位以及工资并不是我的工作，但是所有这些对于孩子们的发展和*勤奋感*的维持，对于他们积极认同*有知识的*、知道该如何做事的人都有着直接、重要的意义。我不止一次地发现，在生活中某个拥有特殊禀赋和激情的人在某一刻被某位老师点燃了潜能的火苗。

顺带提一句，在此处，我们必须要考虑大多数小学老师是女性这一事实，因为它经常会和男孩"一般"的男性认同产生冲突——男孩们认为似乎知识代表了女性（feminine），行动代表了男性（masculine）。男孩和女孩都会同意萧伯纳的说法：有能者为之，不能者为师（who can, do; while those who can't, teach）。因而，老师的选择和培训对于避免让危机降临到该阶段的儿童身上是至关重要的。这个阶段的儿童首先面临的危机是我们前面提到过的自卑感,即一种认为自己永远不会变得优秀的感觉。想解决这个问题,老师需要知道如何突出儿童能做的事情,并识别其心理问题。另外一个危机是,儿童过度认同善良的老师或者成为老师的乖乖儿。我必须指出,这样一来,他的认同感会过早地固着于优秀的小工人或者小帮手,而这本来可能不是他的全部。此外,还有一种危机或许是最普遍的,即在多年的学校生活中,儿童从来没有从工作中获得快乐,或者至少从未对漂亮地完成某件事感到骄傲。而对于还没有普及学校教育的国家而言,这是一件特别值得关注的事情。随便说总是容易的,比如,他们天生就是那个样子;一定会有一些缺少教育的人成为上位者的陪衬;市场需要这样的人,要培养他们从事许多简单而且没有技术含量的工作。但是说到健康人格(随着我们继续前进,它必然包含了在健康社会中扮演建设性角色的方面),我们必须要考虑这样一类人:他们刚刚接受了充分的学校教育,却在正好能够开始欣赏那些更幸运的人们正在学习的东西时,由于这样或那样的理由,缺少了坚持下去的内外部支持。

  需要注意的是,关于勤奋感得到发展的这一时期,我主要讨论了*外部障碍*,而不是源于人类基本驱力的任何危机(延迟的自卑感危机除外)。这一阶段与其他阶段的不同之处在于,没有出现由激烈的内部冲突向新的控制力的转变。这就是为什么弗洛伊德称之为潜伏期。激烈的驱力在此时通常处于休眠状态,但这只是暴风雨般的青春期之前的平静。

另一方面，这是社会意义上最具决定性的时期：由于勤奋感涉及与他人平行做事以及合作，关于*劳动分工*以及*机会均等*的意识在这一阶段初次得到发展。当儿童开始觉得是他们的肤色、家庭背景或者衣服的价格，而不是他们学习的愿望与意志决定了其社会价值时，对认同感的持续性伤害将接踵而至——接下来，我们必须要进入这个议题。

身份认同对认同紊乱

1

随着与技能的世界及传授和分享新技能的人建立良好的关系,童年适时地走到了结尾——青春期开始了。但是在青春期(puberty and adolescence),个体过去建立的所有一致性和连续性再次被质疑了,因为身体再次发生了变化,而变化之急剧堪比儿童早期,并且性器官的成熟这一新的因素出现了。正在成长和发育的年轻人面对自身生理上的巨大改变,首先要做的是努力巩固自己的社会角色。他们常常会好奇地,有时甚至是病态地思考自己在别人眼中的样子,并将其和自己在自己眼中的样子进行对比;思考如何把早期培养的角色和技术与当前的理想原型结合起来。在寻求新的连续性与一致性的过程中,一些青少年不得不再次与早年的许多危机抗争,但是他们从来没有准备将永久的偶像(idols)和理想原型作为最终认同的守护者。

整合正在以自我认同的形式发生,而且超过了整个童年认同的总和。当重要的认同成功地将个体的*基本驱力*与他的*天资和机*

*遇*联结起来后,各个阶段所有的经验积累便形成了他的内在资本(inner capital)。在精神分析中,我们将这种成功的联结归功于"自我整合"。我一直试图证明,童年积累的自我价值在个体获得我所说的*自我认同感*时达到顶峰。那么,自我认同感是一种逐渐累积的信心——相信个体维持内在一致性、连续性的能力(也就是心理层面上的自我)能够与个体对他人意义的一致性、连续性相匹配。于是,在每次主要危机结束时,得到巩固的自尊会发展出一种信念:个体正在学习一些通向可触摸的未来的有效步骤,正在自己理解的社会现实中发展出一种清晰的人格结构。成长中的儿童必须从每一步中都获得一种充满生命力的现实感。这种现实感来源于一种意识:个体掌握经验的方式是其周围的人掌握经验的方式及其识别方式的一种成功变式。

鉴于此,儿童再也不会被空洞的表扬与傲慢的鼓励所愚弄。他们可能不得不接受自尊的虚假鼓励以替代某些更好的认可。但是我所说的正在累积的自我认同只能从对真正的成就(即文化中有意义的功绩)的真诚而持久的认可中获得力量。另一方面,如果儿童感到环境试图彻底剥夺他所有的表达形式(那些允许他在自我认同中发展和整合下一步的形式),那么,他将用惊人的力量进行反击,就像突然被迫保护自己生命的动物一样。事实上,在人类社会里,没有自我认同感就没有活着的感觉。了解了这一点,我们就能更好地理解青少年,尤其是那些不那么"好"的少男少女们的困扰,而他们也在拼命地找寻着满意的归属感——在美国似乎就是加入各种各样的团体与帮派，在其他国家则是参与令人振奋的群众运动。

因此，自我认同是在逐步整合所有认同的过程中形成的。但在此时，我需要补充一点：整体的性质有别于各部分的总和。在良好的环境下，儿童在生命早期有一个独立的认同作为核心；通常，他们必须保卫这个核心，并与强迫其过度认同父亲或母亲的压力进行对抗。然而，想从病人身上了解这一点是困难的，因为根据神经质自我（the neurotic ego）的定义可知，他已经陷入对精神紊乱的父母的过度认同和错误认同中，而这样的情形会把小小的个体与其刚刚萌芽的自我认同及其所处环境隔离开。我们可以在美国少数族群的孩子中更好地研究这个问题。他们在良好的指导下成功地度过了危险的自主性阶段，进入了美国人童年中最关键的主动性阶段和勤奋感阶段。

在美国，像非洲裔、印第安裔、墨西哥裔及一些欧洲裔等本土化程度较低的少数族群的人往往在儿童早期就享受到了更多的感官体验。当父母和老师为了获得模糊而又无处不在的盎格鲁-撒克逊文化的理想原型而失去了对自己的信任并仓促地做出矫正时，他们就制造了强烈的不连续感，儿童的危机也就随之出现了。或者说，实际上，当儿童认识到形成更加美国化的人格所遇到的诱惑和障碍而否认感性的、过度保护的母亲时，危机就出现了。

从整体上看，美国学校成功地应对了培养幼儿园和小学儿童自立性与进取心的挑战。这个年龄段的孩子似乎没有明显的偏见与忧虑，似乎仍专注于成长与学习，专注于享受与家人之外的人建立的新关系。为了预防个体的自卑感，必须引导他期待"勤奋的联结"，即自己与学习中全身心致力于相同技能和活动的他人是平等的。而从另一方面讲，许多个体的成功只是将背景不同、天赋可能也不同的被过度鼓励的儿童暴露在美国人青春期的冲击下，令他们直面个体特征的标准化与对"差异"的不宽容。

因此，当身体形象和父母形象被赋予了独特的含义时，当在之后的阶段中各种各样的社会角色变得能被获得且越来越具有强制性时，正在出现的自我认同联结了童年早期的各个阶段。没有口欲期建立的信任感，持久的自我认同就无法出现；没有被实现的希望，自我认同就不能被完成——这种被实现的希望来自成人支配性的形象，并延伸到婴儿的起点，使他在每一步都创造了可累积的自我的力量。

2

这个阶段的危机是*认同紊乱*；就像阿瑟·米勒的《推销员之死》中比夫所说："我就是扎不下根儿来，妈。我无法常住下来，老这样过日子。"这样的困境建立在个体过去对种族认同和性别认同的强烈怀疑之上。在这种情况下，青少年犯罪和彻底的精神错乱也较为常见。一代又一代的青少年，被美国式青春期强加上了某些不可抗的标准化角色，并因此变得不知所措，只能选择各种形式的逃避——逃离学校，逃离工作，彻夜不归，或者退缩到奇特而且难以被理解的情绪中。一旦"开始违法"，他最大的需求，往往也是他唯一的救赎机会就是拒绝让年长的朋友、顾问与司法人员用过于简单的诊断与社会评价将自己归类——因为这些诊断与评价忽略了青少年独特的动力背景。如果诊断正确、处理得当，青春期表面的精神问题和犯罪问题就不会像人生其他阶段的问题那样成为致命性的危险。然而，许多年轻人发现权威希望他们堕落成"流浪汉""怪人"，或者"误入歧途者"，于是他们故意变成了那样。

通常，选择职业认同是最令人感到无能为力的事情，也是最困扰年轻人的事情。为了使自己成为一个完整的个体，他们会暂时对某些团体和群体的英雄产生过度认同，甚至达到完全失去身份认同的程度。另一方面，他们在排斥与自己"不同"的人时会变得格外抱团、不宽容且残酷——这些"不同"会体现在肤色与文化背景方面、品位与天赋方面，也常常体现在作为内外群体标志而随意选择的服饰、姿态等完全微不足道的方面。重要的是，我们要理解（但并不意味着容忍或支持），这种不宽容是*对抗认同紊乱*的必要手段。认同紊乱在人生的某个时期是无可避免的，例如身体大小发生根本改变时，生殖器的成熟使各种驱力涌进身体里与想象里时，与异性亲密接触或偶尔被迫亲密接触时，独自面对各种各样的冲突的可能性与选择时。青少年通过形成小团体，将自己、自己的理想原型和自己的敌人刻板化，从而帮助彼此暂时度过这个充满不安的阶段。

正因如此，在这个全球工业化、交流更广泛的时代里，简单而残酷的极权主义教条对已经失去或正在失去群体认同的国家或阶层的年轻人所具有的吸引力变得更清晰了。在政治结构与经济结构发生最根本变化的父权国家与农业国家中，跌宕起伏的青春期的动力特征解释了这样一个事实：年轻人在种族、阶层或国家的简单的极权主义教条中找到了令人满意、信服的认同。尽管西方文明在与他们的领袖的战争中可能被迫取得了胜利，但仍然需要用令人信服的方式向严肃而沉重的年轻人展示（或者让他们经历）民主制度的认同——一种强大而宽容、明智而坚定的认同——从而与他们实现和平共处。

我们对于美国青少年的不宽容应加以理解与引导而非语言上的刻板化或禁止。这一点变得越来越重要。但是，如果你在内心深处无法确信自己是男人（或女人）、自己会变得自信且有魅力、自己能够控制自己的驱力，无法确信自己是谁[5]、自己想要成为什么样子以及自己在别人眼中是什么样子，无法确信自己知道该如何做正确的决定而不是将自己一劳永逸地托付给不正确的朋友、恋人、领导或职业，那么你很难做到宽容。

美国式的民主也带来了独特的问题，即它坚持*白手起家式的认同*（*self-made identities*），随时准备抓住许多机会，随时准备去适应繁荣与萧条、战争与和平、漂泊与安定等不断变化的需要。

此外，我们的民主必须向青少年展示这样的理想原型——它可以被拥有不同背景的青少年所共享；它所强调的是体现自主性的独立和体现主动性的进取心。不过，这在日益复杂和集中化的经济政治组织的系统中很难实现——一个随时准备作战的系统必然会自动忽视数百万人的"白手起家式"的认同，并把他们扔到最需要他们的地方去。这会让很多年轻的美国人陷入困境，因为他们整体的教育以及在此引导下健康人格的发展都在一定程度上依赖于*选择*、对个人*机遇*的期望以及对*自我决定*的自由的坚信。

在这里，我们要谈的不仅是无上的特权和崇高的理想，还有心理的需要。从心理学上讲，逐渐累积的身份认同是针对*混乱的驱力*以及*独裁的良心*的唯一防护措施。独裁的良心指的是残酷的过度责任感，是成年人在过去与父母的不平等关系中的内部残留。认同感的丧失会使个体受到童年冲突的影响。以我们观察的在第二次世界大战中罹患神经症的病人为例，他们无法忍受职业生涯的普遍错位或战争带来的其他各种特殊的压力。（我们的反对者看上去也明白这一点。）他们的心理战是对于一般情况的坚定延续——这个环境允许他们在自己的势力范围内给他人灌输简单但无疑是有效的阶层斗争和民族主义认同。不过他们也知道心理学和经济学所讲的自由的进取心与自我实现，并且会在旷日持久的冷战条件下走到拐点。因此，有一点是明确的——我们必须竭尽全力地为年轻的男女呈现可见的、值得信赖的、值得奉献一生的机会，而国家的历史和个体自己的童年已经为之做好了准备。从国防工作的角度来考虑，这一点也必须被大家牢记。

我已经讨论过成人的信仰与信任的关系，也讨论过自主性与成人在工作中的独立性的关系。我已经分析了主动性与被经济系统认可的进取心之间的联系、勤奋感与文化技术之间的联系。在寻找能够指导身份认同的社会价值的过程中，个体会面对一个"贵族阶层问题"——它在最广泛的意义上隐含着一种信念：最优秀的人进行统治，而这种统治也将使人性中最好的一面得到发展。为了不让自己变得自私自利或冷漠无情，年轻人在形成认同的过程中必须要让自己深信：成功的人承担着成为"最好的人"的责任，即将国家的理想原型人格化。在美国或任何其他国家中都不乏这样的成功者——他们变成了"圈内人"自私自利的代表，变成了没有人情味的组织的"老板"。白手起家的价值观一旦在文化中流行起来，随着表面人格（synthetic personality）——似乎你就是你所表现出来的，或者你就是你能买得起的——的出现，一种特殊的危机将接踵而至，而只有系统的教育才能与之对抗。这种系统教育的价值观不能只停留在"功能（functioning）"层面，其目标必须坚定地超越"达标（making the grade）"。

成年期的三个阶段

亲密对疏离

当童年与青少年阶段即将结束时，就像俗语说的那样——生活开始了。我们所说的生活包括基于某个特定的职业进行学习或开展工作，以及与异性交往直到结婚并拥有自己的家庭。但是与异性发展真正的亲密关系，或与任何其他人（包括自己）亲密相处，都必须以建立合理的认同感为前提。性亲密只是我讲的内容中的一部分——很明显，性亲密并不总是在个体拥有与别人形成真正的心理亲密关系的能力之后才开始的。还不能确定自己身份的年轻人会因为羞怯而躲避人际间的亲密。不过，随着他得到越来越多的认同，他在友谊、对抗、领导、爱和灵感中寻求的亲密会越来越多。有一种青少年男女之间的依恋关系常常被误认为是单纯的性吸引或爱情——（除了在某些认为依恋需要性行为的风俗中）年轻人往往通过没完没了地聊天、坦白自己的感受与对方的看法和讨论计划、愿望与期待来尝试对自己的身份做出界定。如果年轻人在青春晚期或成年早期没有完成与他人之间的亲密关系（以及与自己内在源泉的亲密关系），他很可能会将自己孤立——最理想的情况也就是找到一种高度刻板化的、正式的人际关系（在此处是指缺少自发性、温暖性和真正的交换性的友谊），否则他必定要在不断的尝试和不断的失败中寻找它们。不幸的是，很多年轻人在这种情况下就结了婚，希望在与伴侣找寻彼此的过程中找到自己。但是，其作为伴侣或父母的明确的早期责任干扰了这一任务的完成。很明显，更换伴侣通常不会是真正的解决办法；而更明智、更具有指导性的见解是，形成真正的伴侣关系的前提是个体要成为真正的自己。

亲密的对立面是*疏离*，即蓄意断绝关系，与他人隔离，并在需要时摧毁似乎在本质上威胁自己的人和势力。更成熟、更高效的疏离在政治与战争中被开发利用。它是更加盲目的偏见的产物。这种偏见在争取认同的时期严厉而残酷地把熟悉与陌生区分开。这个阶段的年轻人首先在与同辈交往的过程中体验到了亲密关系、竞争关系以及对抗关系。随着竞争关系、性关系的展开以及各种进取性的提升，一种极化现象渐渐产生了。

曾经有人问过弗洛伊德，一个正常的人应该在哪方面做得出色。提问者可能希望得到一个复杂而深奥的答案。但是弗洛伊德给出的答案非常简单：*爱与工作*。这个简单的答案发人深思，并且让人越想越觉得深刻。因为当弗洛伊德说"爱"的时候，他指的是扩展了的慷慨与性爱；当他说"爱与工作"时，他指的是一种普遍的工作效能——这种效能不会使个体过于专注，以至于丧失了性和爱的权力或能力。

精神分析强调*生殖欲*是健康人格的最重要的指标之一。生殖欲是与爱的对象达到"高潮"的潜在能力——此处的"高潮"不是指金赛所说的"性宣泄"时的释放，而是指随着生殖器敏感性以及周身紧张感的全部释放，两性间爱恋关系得到的充分释放。这确实把我们不了解的过程表述得相当具体。这种对达到顶点的爱恋关系的体验恰恰为复杂的相互调节模式提供了一个极好的例子，并在某种意义上缓和了男性与女性之间、事实与幻想之间、爱与恨之间、工作与玩乐之间的日常对立所引发的潜在愤怒。令人满意的爱恋关系能够减少性欲中的强迫性，并使施虐控制显得多余，而关于这个方面的精神病学处方受到环境限制，并在部分人群中受到压倒性的歧视——这些人的认同感的基础是性欲及感官体验完全从属于生活中的辛勤、责任与崇拜。因而，只有渐进、坦率的讨论才能澄清传统的僵化及突然的（可能仅仅是表面上的）改变所带来的危险。

繁衍对停滞

生殖性的问题与心理卫生的第七条标准[①]密切相关，这条标准涉及亲子关系。已经在两性关系中找到真正的生殖关系或正在寻找这种关系的性伴侣很快就会希望（如果确实如此的话，他们的

---

① 此处的标准应该是指马斯洛和米特尔曼提出的心理健康的十条标准。

发展就是在等待这一特别的希望）将彼此的个性和能力在生养共同后代的过程中结合起来。我将作为该希望之基础的广泛发展命名为繁衍（generativity），因为它涉及了（通过生殖进行的）下一代的培育。其他流行的术语，比如"创造力（creativity）"或"生产力（productivity）"，似乎都无法传递出我要表达的确切意思。[6]在培育与指导下一代的过程中，繁衍是我们最主要的关注点。尽管如此，仍然有一些人由于某些不幸，或由于在某方面具有特殊的真正天赋，没能把这种驱力付之于繁育后代，而是将其表现为利他主义和创造性等其他形式——但其中可能也吸收了父母的那种责任心。最重要的是，我们应当认识到，繁衍是健康人格发展的一个阶段。一旦它得不到满足，繁衍感就会退化，变成一种对强迫性虚假亲密关系的需求，并往往带有一种弥散性的停滞和人际关系枯竭的感觉。没有产生繁衍感的个体往往开始纵容自己，就好像他是自己唯一的孩子。有孩子或想要孩子本身并不能作为一个人具有繁衍感的证据。事实上，大多数年轻父母在引导孩子时似乎都经历了该阶段在发展上的迟缓或无力，而其原因常常来自他们童年的早期印象——对父母的错误认同、建立在极度艰辛的白手起家个性上的过度自爱，以及（此处，我们又回到了起点）某种信仰的缺失，即缺乏"对人类的某种信念"。这种信仰将使儿童对社群展现出一种令人愉快的信任。

整合对厌恶、绝望

一个人只有在以某种方式照顾过某些人，处理过某些事情，并且适应了作为创始人、开拓者和观点提出者不可避免的胜利和失望后，七个阶段的果实才可能逐渐结出。这时，我认为没有比整合更合适的词汇了。由于该状态缺乏一个清晰的定义，我将指出它的几点特征。它是对个体唯一的生命周期的接受，也是对生命中（无法被替代的）重要他人的接受。这意味着个体对父母产生了新的与过去不同的爱；意味着他们摆脱了认为自己应当有所不同的想法；也意味着他们对于个体生活是自己的责任这一事实的接纳。这使他们产生了与不同时代、不同追求的人们共同享有一种同志般情谊的感觉——他们创造了秩序、目标及传递人类尊严与爱的格言。尽管意识到为人类奋斗赋予意义的各种不同生活方式具有相对性，但是，拥有整合感的人已经做好准备保卫自己生活方式的尊严，抵御身体与经济方面的所有威胁。因为他知道，个体的生活不过是一个生命周期与历史片段碰撞的巧合；对他而言，人类整合感的好坏与他参与其中的形式联系在一起。

这是基于临床与人类学经验对整合加以描述的开端——在此处，读者与学习小组必须用自己的术语继续对我初步摸索到的"宝藏"做出发展。我要补充的是，从临床的观点看，这种不断积累的自我整合一旦缺失或受损，往往会导致失望以及对于死亡无意识的恐惧。这种恐惧表现为无法接受生命周期的唯一性这一生命的本质；失望则是因为感觉到一生的时间太过短暂，以至于不足以尝试开始另一种生命，也无法开辟另一条整合之路。这种失望经常隐藏在对特殊制度和特殊人群的憎恶、厌弃或者长期轻蔑中。事实上，这种憎恶与不满（在不能与积极的思想以及合作的生命联结的情境下）只能表明个体对自己的鄙夷。

"整合"意味着对情感的整合，它使追随式的参与和领导责任的承担成了可能——对于这两者，我们必须在宗教与政治、经济秩序与科学技术、艺术与科学，以及贵族生活中学习和实践。

结语

此时此刻,我即将跨越心理学与伦理学之间的边界(一些人会认为我早就已经多次跨越了这条边界)。我建议,父母、老师和医生在讨论儿童的需要和问题之前,必须先学会讨论人类关系与社群生活。在此,我只是坚持了一些基本的心理学观点。下面我会尝试对此进行简单阐述。

在过去的几十年里,我们对个体的发展与成长以及动机(尤其是无意识动机)的了解远远超过了之前所取得的全部成就——当然,不包括《圣经》或者莎士比亚著作中蕴含的智慧。越来越多的人得出结论:儿童,甚至婴儿、胎儿,都能敏感地对自己的成长环境的质量做出反应。即使他们不知道原因,或者并没有看见最明显的表现,儿童也能感受到紧张、不安及父母的愤怒。因此,你不能愚弄儿童。但是,环境的急速变化常常让我们很难确定,个体是必须要去真正地对抗变化的环境,还是应该寻找机会尽力改善环境。尽管如此,在一个变化的世界中,我们正在尝试,也必须尝试新的方法。在信息、教育和传统的基础上,以个人化的、宽容的方式抚养孩子是非常新颖的。这使家长处于许多额外的不安全因素中。精神病学一度使这种不安全因素有所增长——精神病学的思维会使人认为世界充满了危险，以至于很难放松警惕。我在指出这些不安全因素的同时也指出了同样多的建设性途径。或许，我们能够期望这只是学习阶段性进步的一个迹象。当一个人学习开车时，他必须留意所有可能发生的事情；他必须学会识别出仪表上及沿途的一切危险信号。但是他能够期望，经过学习后，有一天，自己能够以最轻松的感觉掠过那些风景，欣赏它们——因为他自信能对机械故障的信号或路上的障碍做出高效的自动反应。

现在，我们正在走向一个已经结出民主果实的世界。但是，如果我们想让世界实现民主，必须首先确保民主对于健康的儿童来说是安全的。为了防止独裁统治、剥削和不平等在世界上出现，我们必须首先意识到，生活中的第一种不平等就是孩子与成人之间的不平等。人类的童年很长，因此父母和学校有足够的时间以信任的态度接受儿童的人格，有足够的时间帮助儿童接受我们认为最好的纪律和人性训练。如此漫长的童年会让孩子暴露在严重的焦虑与持久的不安中。如果这种情绪被过度地、无意义地加剧，它就会在孩子成年后以模糊的焦虑形式固着下来；而这种焦虑尤其容易导致个人、政治甚至国际生活的紧张。如此漫长的童年也会把成年人暴露在利用儿童的依赖（往往是轻率而残酷的）这一诱惑面前——我们让孩子们偿还别人欠我们的心理债，让他们成了紧张感的受害者；而我们不会，也不敢去修正那些来自自身或周围环境的紧张感。我们已经懂得了不要雇佣童工以免抑制儿童身体的成长，现在我们必须学习如何不使儿童成为焦虑的受害者以免阻断他正在进行的心灵的成长。

当我们学会了善待他人，成长的蓝图就展现在眼前了。

第三篇

自我认同的问题

我曾在一系列著作中（Erikson，1946，1950a，1950b，1951a），用"*自我认同*"这个术语来表示一种全面的收获——它是个体在青春期结束时必须从成年前的所有经验中获得的，可以用来应对成年期的各种任务。我对这个术语的运用恰恰反映了一位心理治疗师的困境——他提出新概念不是因为钻研理论颇有心得，而是因为他的临床认知扩展到了其他领域（例如社会人类学和比较教育学等），于是希望借助这种扩展使临床工作获益。我觉得，近期的临床观察已经开始表明这种希望。因此，我很荣幸地获得了两次机会[1]通过报告重申并回顾有关认同的一些问题。本文引用了这两篇报告。摆在我们眼前的问题是，认同这个概念在本质上究竟是属于精神分析中的自我理论（我们认为这是理所当然的），还是属于社会心理学理论。

首先我们来看"认同"这个词。据我所知，弗洛伊德仅在一次偶然的情况下使用过这个词，并在后来赋予了它社会心理的内涵。他正是在尝试系统阐述自己与犹太人的纽带时，提到了"内在认同"[2]。这种内在认同很少建立在种族或宗教的基础上，它通常的基础是对于对抗性生活的共同准备和对于偏见（限制了智力的运用）的共同抵御。在这里，"认同"指向个体与其所在群体在特定历史条件下的独特价值观的联结；它同时也与个体独特的发展基础有关——因为"以职业性孤独为代价的不朽观察"这一重要的主题在弗洛伊德的人生中扮演着核心角色（Erikson，1954）。我们所讨论的认同正是个体核心中与群体内在一致性的本质层面有关的那一部分。年轻人必须学会成为全部的自己（most himself）和对他人最有意义的自己——这里的"他人"无疑是指对他而言最重要的人。术语"认同"表达的是一种相互的关系。它同时暗含了个体持续的内在一致性（即自我一致性）和个体与他人持续共享的某种基本特征。

只有通过多个不同的角度——如人物传记、病理记录和理论描述——去接近认同，只有让术语"认同"在一系列内涵中为自己注解，我才能尝试把这个术语描述得更加清楚。它有时看上去是指*个体认同感*的意识层面；有时是指为了*个体性格的持续稳定性*所做的无意识的努力；有时是指无声的*自我整合*的标准；有时还可能是指对群体理想原型和群体认同内部*凝聚力*的维护。这个术语在一些方面显得简单且口语化，在另一些方面则与精神分析及社会学的某些概念产生了模糊的联系。在尝试梳理这一联系后，即便该术语仍具有一定的模糊性，我还是希望能找出关键的问题和必要的观点。

我将以一位杰出人物的传记为例，开始阐述"认同"问题的一个极端。这位大师在创造世界范围内的公开身份（public identity）方面所付出的努力与他在创作文学巨著方面所付出的一样多。

人物传记：G. B. S.（70岁）说萧伯纳（20岁）

乔治·萧伯纳在七十岁时已经是一位非常有名的人了。应一些人的请求，他重新修订了自己二十多岁时创作的不成功的作品——两卷未曾发表过的小说，并为之作序。正如人们所预期的，萧伯纳依旧轻视自己年轻时候的作品。不仅如此，他还把对青年萧伯纳细致的剖析强加给了读者。如果萧伯纳不是以狡黠的方式讲述自己年轻时候的那段经历，他的观察可能会成为心理学发展史上一个重大的成就。不过，这正符合萧伯纳的特点——他用一些貌似浅显而又骤然深奥的描述戏弄读者，但也让读者感到轻松自在。我之所以敢为了自己的目的在本书中谈到他，只是希望能使读者产生足够的兴趣，领会他对人生每一步发展的阐述（Shaw，1952）。

G. B. S.（这是萧伯纳的公开身份，也是他的杰作之一）将年轻的萧伯纳描述为一个"极难相处并且极不受欢迎的"年轻人：他"残忍的观点总是脱口而出"，但内心却"充斥着纯粹的怯懦……并且深深为之感到羞耻"。"真相是，"他总结道，"所有人在社会中都处在一个错误的位置上，直到他们意识到自身的可能性，并将其强加给自己周围的人。他们频繁地受到自身缺点的折磨，但也会因为自负而频繁地激怒他人。这种不协调只能通过被认可的成功或失败来解决——每个人在发现自己天然的位置（natural place）前都是惴惴不安的，无论他的状态是高于还是低于他出生时的状态。"然而，萧伯纳总是让自己豁免于他无意中宣布的任何普遍的法则——他补充道："在找寻个人的位置时，有一个事实让人非常费解，即在一般社会中是没有那些非同寻常的个体的位置的。"

萧伯纳紧接着描述了他在二十岁时遇到的危机（也就是我们提到的*认同危机*）。需要注意的是，他的危机并不是缘于缺乏成功或者角色不清晰，而是缘于获得的成功太多以及角色过于清晰了。他说："我在不自觉的情况下就成功了，而且我沮丧地发现，企业不仅没有把我当成毫无价值的江湖骗子加以驱逐，反而将我缠住不放，丝毫没有放我走的意思。因此，当我二十岁时，看到自己被商业训练所束缚，感觉自己置身于一个自己厌恶的职业中——这种厌恶感是任何一个心智正常的人在不能逃离某些事物时都会产生的。1876年3月，我从这一切中挣脱了出来。"挣脱这一切意味着离开家人和朋友、公司和祖国，但也让他避免了没有自我认同的成功所带来的危险——这种成功无法"与我内在的巨大的无意识的野心"相比。他允许自己延长了青年期与成年期的间隔——我们称其为*社会心理延缓期*（psychosocial moratorium）。他写道："……当我离开故乡时，我也就走出了这个阶段，不再与同龄人有更多的联系，在某种意义上过了八年的孤独生活，直到我被（十九世纪）八十年代早期英国社会主义运动的复兴所吸引——英国人极度认真地投身于这场运动中；他们因殃及全世界的真实且根深蒂固的罪恶而满腔怒火。"同时，他似乎也避开了一些机会，觉得"我有一种信念，认为这些事情不会让我找到自己想要的东西；而在这种信念之后，还隐藏着一种难以言说的恐惧，害怕这些事情可能带来一些我不想要的东西"。在他身上，*职业*部分的延缓被智力部分的延缓强化了。他写道："我不能学习那些我不感兴趣的东西。我的记忆不是没有选择性的，它可以接收，也可以拒绝；而且它的选择不是学究式的……我为此感到庆幸，因为我坚定地相信，大脑所有不自然的活动和身体不自然的活动一样有害。……文明总是因为给予了统治阶层所谓的中等教育而被破坏……"

接着，萧伯纳安定下来，开始按照自己的喜好学习和创作。也正是在此期间，非凡人物带着非凡的作品开始崭露头角。他放弃了曾经一直在做的那种*类型*的工作，但并没有放弃良好的工作*习惯*。他写道："我的办公室训练让我养成了一个习惯，即每天都要有规律地做一些事情。我把它作为勤劳最重要的前提，以区别于无所事事的状态。我知道，如果自己不这样做，就会毫无进步，并将永远无法创作出任何风格的作品。我每次会买价值六便士的印刷用白纸，将其装订为四开本，并逼迫自己无论刮风下雨、状态好坏，都要每天完成五页的写作量。我身上还保留着学生时期以及职员时期养成的许多习惯，比如，即使五页纸结束时句子只写了一半，我也会停笔，并在第二天才完成它；如果我有一天没有写作，我会在第二天以双倍的工作量来弥补。在这种工作习惯的驱使下，我在五年内完成了五部小说。那五年是我职业生涯的学徒期……"需要补充说明的是，这五部小说在完成后的五十年内都没有发表过。但是，萧伯纳已经在日复一日的努力中学会了写作，并且在写作中学会了等待。*职业生涯早期的仪式化行为对这个年轻人的内心防御起到的重要作用*，或许可以由一则漫不经心的评论来证明——这位伟大的智者几乎害羞般地承认了他在心理上的认识："我完全被吸引了，习惯太强大以至于让我的工作根本停不下来（*我沉迷于工作就像我父亲沉迷于酒精一样*）。"[3]他因此将*成瘾行为*与*强迫行为*联系起来——我们也将这种联系视为青少年晚期许多病态行为的基础及成年早期一些成就的基础。

萧伯纳详细地描述了他父亲的"酒精依赖综合征（drink neurosis）"，并在其中找到了自己辛辣幽默的源泉——"这既是一个家庭的悲剧，又是一个家庭的笑话"。因为他的父亲是一个"不善交际、不爱与人争吵、羞于自夸，并且被羞耻感和懊悔自责情绪不断折磨的不幸的人"，"然而，他有着一种反高潮（anticlimax）的幽默感——而我继承了这一点，并在我成为喜剧作家时运用它并得到了不错的效果。他反高潮的幽默感依赖于（主题的）神圣感。……似乎出于一种巧合，宗教中每一个虚假或虚构的成分都被降低至最为无礼且荒谬的地步，因此我被驱使着看到了宗教的本质"。

萧伯纳更深层的无意识的俄狄浦斯悲剧情结在某些类似被屏蔽的记忆中——以梦幻般的象征主义形式——表现了出来,并传递了他父亲无能的形象:

> 一个男孩看见"州长"一只胳膊下夹着胡乱打包的烧鹅,另一只胳膊下夹着胡乱打包的火腿(鬼知道他是因为什么节日而买了这两样东西),不断地往花园墙上撞,还以为自己正在撞门。在这个过程中,他还把自己的高帽子弄成了六角手风琴的模样。小男孩不仅没有因为看到这样可笑的场景而感到焦虑和羞耻,反而笑瘫在一边(男孩的舅舅也在一旁起哄),以至于无法跑去拯救那顶帽子并把戴帽子的人带到安全的地方。这显然不是一个会把小事当成灾难的男孩。相反,他会把灾难当作小事。如果你无法摆脱家丑,那么不如就随它起舞。

显然,对萧伯纳自我认同中的性心理成分的分析可以从他的这段记忆中找到一个坚实的基点。

萧伯纳对当时的社会经济环境进行了出色的分析,从而解释了父亲的衰败:"父亲是一位准男爵的远房堂兄弟;母亲是一位乡绅的女儿——她父亲的原则是,遇到困难时就去抵押。那就是我所经历的贫困。"他的父亲、他的祖父以及他的曾祖父都是家里最小的儿子,而他自己则是"破落子弟及破落子弟的儿子"。但是,他总结道:"说我的父亲不能负担我上大学的费用,就像说他买不起酒或者说我成不了作家一样——这些话都没有错,但是他一直在喝酒,而我则成了一名作家。"

提到母亲时,萧伯纳总会想起"罕有的那么一两次母亲为我用黄油涂抹面包的愉快场景。她会给面包涂上厚厚的一层黄油,而不只是用切黄油的刀子在面包上面随意地抹两下"。然而,在大部分时间里,他常常提到,她"仅仅是将我当作一种习以为常的自然现象来看待,也理所应当地让我顺其自然地发展"。一定有某些事物造成了她的这种冷漠,因为"严格来讲,我认为我的母亲是我'一直以来'可以想到的最糟糕的母亲,但事实上,她根本没有能力伤害任何孩子、动物和花朵,也确实没有残忍地对待过任何人或任何事物……"。如果说这些与母亲内心的爱或教养方式没有关系的话,萧伯纳这样解释道:"我被糟糕地养大是因为我母亲从小得到了充分的管教……她在童年时代曾遭受了约束、暴行、责骂、恫吓和惩罚……而在反抗过程中……她获得了无法改变的消极态度,于是将家中的混乱不堪作为顺理成章的事情去承受。"总而言之,萧伯纳的母亲是"一位彻彻底底让人讨厌且不再抱有任何期望的女性……她忍受着一位毫无希望且令人失望的丈夫、三个不讨人喜欢且成长太快的孩子——快到她无法像喂养她喜爱的动物和小鸟一样去照顾他们,以及丈夫那让人羞于启齿的微薄薪水"。

萧伯纳实际上有三位抚养者,除了父亲、母亲,还有一位叫李的("一举成名的""冲动的""有魅力的")男性。李教萧伯纳的母亲学习声乐课程。他不仅改变了萧伯纳的整个家庭,也改变了萧伯纳心中的理想原型——"尽管他代替了我的父亲,成为家中的主导成员,并且支配了我母亲所有的活动和爱好,但由于他对自己喜欢的音乐事业十分投入,以至于在两个男人之间没有产生任何摩擦或任何亲密的关系——肯定没有不愉快。起初,他的观念常令我们感到惊讶。他说,人们应该开着窗户睡觉——这种大胆的想法吸引了我,自那之后,我一直是这么做的。另外,他吃黑面包而不是白面包——这真是令人吃惊的古怪行为"。

这样一幅令人困惑的画面衍生出了许多影响认同形成的元素。请允许我借此机会摘出三个精挑细选的、简化过的、能够被命名的元素进行说明。

傲慢的人

"与类似的英国家庭相比,我的家族有一种将嘲弄戏剧化的力量——它可以让萧伯纳式的零碎儿发出更响亮的声音"。萧伯纳认为这是"被家族的幽默感弱化了的傲慢表现"。从另一个角度讲,"尽管我妈妈在意识上不是一个傲慢的人,但那个时代的神学没有正面回答爱尔兰的女性,为什么她接触到的每个傲慢的人(比如私人音乐课堂的学员)以及英国郊区的父母都不接受神学"。萧伯纳"对家族中的傲慢行为抱有十足的轻蔑",直到他发现自己的祖先曾是法夫伯爵，他表示："那种感觉就像是知道自己是莎士比亚的后代一样好——而我从幼时起恰恰已经在无意识中决定要成为第二个莎士比亚。"

噪音制造者

萧伯纳的整个童年似乎都暴露在音乐活动无穷无尽的攻击中：他的家人会在家中吹长号、低音长号，拉大提琴，弹竖琴，玩手鼓，而最常见的（或最糟糕的）是他们会放声高歌。然而，最终他也让自己学会了弹钢琴，并加入了戏剧化的噪音制造中。"当我回想起在学习的时候曾经将各种猛击声、口哨声、吼叫声、咆哮声不断强加给焦虑不安的邻居时，就会有一种深深的无用的自责。……我曾经从瓦格纳的《环》[①]中挑选了最喜欢的片段进行演奏，结果把母亲逼到几乎抓狂——对她而言，我的演奏'完全是在背诵'，充满了极度的不协调感。但在那时，她从来都不会有任何抱怨。只是在我们分开后，她才承认当时抓狂的心情，说有时自己会偷偷躲到一边哭泣。即便我犯了谋杀罪，我都不认为自己的良心会有多大的波动。但每当回想起这件事情，我却总是心有不忍。"尽管他没有公开承认过，但事实上，他学习钢琴或许是为了报复用音乐折磨他的人。有趣的是，他妥协了，成了一名真正的音乐*评论家*——评论别人制造出的"噪音"。作为一名评论员，他选择用巴

---

① 《尼伯龙根的指环》的简称。

塞管①作为笔名——事实上，这是一种少有人知的乐器，它的音色十分平淡以至于"连魔鬼都无法让它产生令人惊艳的效果"。但评论家巴塞管却大放异彩。他写道："我不否认，巴塞管偶尔会显得粗俗，但如果能让你发笑，那就不太重要了。粗俗是全能作家必备的一种修养，就像粗俗的小丑有时是马戏团演出中最棒的部分一样。"

恶魔

当妈妈只会聆听音乐噪音制造者说话时，孤独寂寞的小男孩是如何运用想象力与一个想象中的伟大同伴进行交谈的？他这样描述道："在童年时代，我常常通过创作祈祷词来锻炼我的文学天赋……这些作品是为了接受全能的主的赐予和安抚而进行的文学上的表演。"为了与家人不恭敬的宗教行为相一致，萧伯纳不得不去寻找虔诚的底线，并将自己托付给它——这种底线自身在早期则变成了"完整的智力……与（同步发生的）萌芽的道德热情"的混合体。与此同时，萧伯纳似乎在其他方面是一个名副其实的小恶魔，至少，当他表现不错时，他在内心并不认同自己："即便当我是个好孩子时，也只是在进行戏剧化的表演，因为就像许多演员所说的，我只是在扮演角色而已。"事实上，萧伯纳

---

① 巴塞管是木管乐器的一种，属单簧管家族，是一件中音域的乐器。萧伯纳用这件乐器的意大利名称 *Corno di Bassetto* 作为自己的笔名。

说，在自己成功实现了身份认同时，也就是"当大自然在1880年左右改变了我的面容时（一直到二十四岁，我脸上的毛发才开始生长），我发现自己拥有了向上生长的胡须、眉毛和歌剧中恶魔才有的具有讽刺意味的鼻孔——（古诺所描述的）恶魔的腔调我从小就在吟唱，他的态度我从小就在模仿。后来，时过境迁，我……才慢慢发觉，原来富有想象力的小说对我的生活意义重大，就好比是素描之于绘画，又或是构想之于雕塑"。

于是，G. B. S. 几乎公开地追寻自己的根源。但非常值得注意的是，对他而言，他最终变成的样子似乎是先天决定的，就像前面提到的意欲成为第二个莎士比亚一样。他提到自己的老师时说，他"尝试教我阅读的行为让我感到困惑，因为即使不理解，我也能很快地记住一页的内容。据此我只能假设我天生就有一定的文化修养"。然而，他也考虑过许多职业选择："如果无法成为米开朗琪罗，我也愿意成为巴德利。顺便说一下，我根本没有渴望成为文学家，就像鸭子从没有渴望游泳一样。"

他也曾自称是"天生的共产主义人士"（补充说明：他其实是费边社会主义者）。他认为，只有人们*接受了自己似乎注定要成为的样子*，和平才会随之而来；这位"天生的共产主义人士……知道自己在哪里，也知道对自己充满威胁的社会在哪里。我治好了自己的假谦虚……"于是，他渐渐从一个"完全的门外汉"成了一个真正的内行。他说道："我曾经远离社会，远离政治，远离运动，远离教堂。""（但这种疏离）只是对于英国人的野蛮行径而言……当音乐、绘画、文学,甚至科学成为讨论的主题时,情况就反转了——我就彻彻底底地成了一个局内人。"

当萧伯纳回顾自己童年的各种个性特点的发展时,他意识到,只有*奇迹*才能够把它们整合在一起。"……如果要完整地表达这样一个主题,必须补充说明的是,如此快地褪去了色彩的纯粹的原生状态由于更深层的陌生感而变得更加复杂。这种陌生感让我产生了一种并非地球原住民,而仅是寄居者的奇妙感受。无论我是天生的疯子,抑或只是有点过度理智,我的王国并不在这个世界之中——我只有在想象的世界中才不会感到拘束;只有在'巨大的寂静'中才能安下心来。因此,我不得不变成一个演员,为自己编写一种奇妙的人格特征以便于和人们打交道,并适应自己各种不同的社会角色,例如作家、记者、演说家、政治家、委员以及世界公民等。"对于这一切,萧伯纳有一段重要的总结:"我能成功只是因为我的演技太好。"这句话以一种十分异常的方式说明了一个老人在回顾年轻时获得的无法摆脱的身份认同时产生的那种淡淡的厌恶感。尤其是当他年迈时,随着回忆愈发频繁,这种厌恶感(在某些人身上)会演变成致命的绝望感和心身疾病。

对于他年轻时代危机的结束,萧伯纳归纳道:"我有用理智思考的习惯。根据浅显易懂的理论——简言之,即宗教——只有将批判能力与必需的文学资源进行自然的结合,我才能对生命有清晰的理解,并把它设定为成功模式。"在此处,这位年老的愤世嫉俗者已经用一句话圈定了人类在身份认同形成的过程中所必需的东西。把这句话转换成自我心理学和社会心理学中更便于讨论的措辞就是：人，要想在社会中获得自己的位置，就必须拥有一种能够在工作中被整合的显著*才能*，并能够经常性地使用它，且"不产生冲突"，还必须获得一种无限的*资源*，比如工作中的即时*训练*、*友谊*和*传统*所给予的反馈。此外，还必须获得一种关于生命进程的易于理解的*理论*，也就是令古老的无神论者感到震惊的、所谓的宗教。事实上，对萧伯纳而言，他转向的费边社会主义更像是一种*意识形态*——这是我们坚持使用的一般术语。我在本文结尾处会对使用它的原因做出说明。

遗传：身份与身份认同①

1

一些（有着杰出的自我认知能力的）杰出人士的自传，往往能够对我们审视身份认同的发展有所提示。然而，为了给我们研究身份认同普遍的遗传问题找到一个基点，更好的方法是透过"普通人"的生命历程或生命中重要的片段去追踪其身份认同的发展。而这些普通人的生命历程应该既不会变成专业的自传（例如萧伯纳的），也不会变成案例研究（例如我们将在下一节讨论的）。在此，我不会呈现这样的材料。相反，我必须依赖于日常生活的经验和我所参加的一个罕有的关于儿童人格发展的"纵向"研究⁴，以及我在指导轻微心理失调的年轻人时所产生的印象。

青春期是童年的最后一个阶段，也是总结性的阶段。然而，

---

① 身份与身份认同：identification and identity 。根据不同的情况，identification会被灵活地翻译成"身份"和"认同"，但意义并没有改变。在本书中，埃里克森用identification指代个体某一阶段或者某一部分的认同，而用identity指代个体全部的自我认同，也就是说，identity包含了identification。

青春期的正式结束只能发生在童年身份从属于一种新的身份之后——这个新身份是在个体和同龄伙伴进行有趣的交往以及初涉竞争时获得的。这些新的身份不再有童年的戏谑和青年的试验热情。伴随着可怕的急迫感，它们强迫年轻的个体进行选择和决策；随着急迫感的增加，这些选择和决策将导向一个更加终极的自我界定，导向不可逆转的角色模式，因而也导向"对生命"的承诺。此时，年轻人及社会所要完成的任务是令人惊叹的。对于不同社会中的不同个体来说，这种任务必然会在持续时间、紧张程度以及仪式化等方面有着巨大的差异。但正如个体所要求的那样，社会在童年向成年过渡的期间，或多或少地提供了一个受认可的中间阶段，即惯例化的*社会心理延缓期*，从而使个体能够相对顺利地完成持久的"内在认同"模式。

在假定青春期前存在"潜伏期"时，精神分析学派已经认识到，在人类发展的过程中存在某种类型的*性心理延缓期*。这个延缓期使个体在成为配偶和父母前可以首先"进入学校"，也就是为了提高工作能力去经历学校提供的一切教育，并学习工作情境需要的基本技术能力和社交能力。然而，力比多理论并未对第二个延缓期，即青春期，做出恰当的阐述。此时，性发育成熟的个体在增进亲密关系的性心理能力方面以及成为父母的社会心理准备方面或多或少都有延迟。这个阶段可以被看作*社会心理延缓期*。在这个时期，个体或许可以通过自由的角色试验在社会的某个部分发现适合自己的位置——这个位置被牢牢地确定下来，就像为他专设的一样。在寻找的过程中,年轻人获得了确定的内部连续性和社会一致性,从而在曾经的童年身份和*将要获得的新身份*之间架起了一座桥梁,并调和了他*对自己的*认知和群体对他的认知之间的矛盾。

接下来,当我们谈论社会对年轻个体需要的"认可"做出的回应时,这种认可不仅是指对成就的认可,而且它和年轻个体身份认同的形成有很大关系——个体的成长和转变对于那些开始对他有意义的人来说具有意义,他因此逐渐形成了身份认同。这意味着他可以被回应、被赋予职能与地位。在精神分析中,还没有得到充分认识的是,这种认可为自我完成青春期的特定任务提供了不可或缺的支持。这些支持主要包括维持最重要的自我防御功能,以对抗(投入在成熟的性器官和强大的肌肉系统上的)急速增强的冲动;学会巩固与工作机会一致的"不产生冲突"的最重要成就;以独特的方式重新整合童年的所有身份,同时使自己的身份与不同社会情境所赋予的角色相协调。这里的社会情境可以是居住的小区、理想的职业领域、由相似者组成的社团,或(萧伯纳案例中的)"巨大的寂静"。

2

语言学和心理学都认为身份认同和身份有着同样的起源。那么,是不是可以说身份认同就是无数早期身份的集合,或者说它仅仅是另一套身份？

如果我们考虑到在童年期仅靠身份的累积是不能产生功能正常的人格的（这一点在病人病态的阐述中及他们相互矛盾的说辞中常常很突出），那么，*身份机制*作用的局限性就立刻暴露了。尽管我们通常认为，心理治疗的任务就是将病人过多的病态身份替换为更加令其满意的身份，但是每一个被治愈的例子都证明，"更加令人满意的身份"都有着悄悄从属于一个新的、独一无二的格式塔（Gestalt，其特点是整体大于部分之和）的倾向。儿童在发展的不同阶段会对人们身上*不同的*部分产生认同。那些部分对他们有着最直接的影响——不论这些影响发生在现实中还是幻想中。例如，他们对父母的认同会集中在被过度看重或者曲解的身体部位、能力以及角色表象上。这些部分之所以会被偏爱并不是因为社会对它们的认可（它们往往不是父母最具有适应性的特征），而是源自婴儿式幻想的天性。而这种天性会逐步让位于对社会现实更真实的预期。然后，在青春期结束时，最终认同形成了。它会超越个体在之前形成的任何单独的认同。它包含了所有重要的身份，但为了能够形成一个独特、合理、连贯的整体，对每个身份都进行了改变。

简单来讲，如果我们将内摄-投射—认同—形成身份认同看作自我在和儿童身份认同模型的日趋成熟的相互影响下成长的一系列步骤，那么，下面的社会心理发展进程将会对此做出说明：

*内摄-投射*的机制为之后的认同打下了基础，而与其相关的整

合则依赖于*被抚养的孩子*对于自己与成年抚养者之间相互关系的满意程度（Erikson，1950a）。只有对这种亲密关系的体验才能使孩子置身于自我体验中安全的一端，进而，能使他抓到另一端：第一个爱的"客体"。

相应地，*童年认同*则依赖于儿童对于自己在一个值得信赖的、有意义的等级结构内与各个角色（如在*家庭*中共同生活的几代人）互相影响的满意程度。

*认同的形成*是从个体多重身份有效性的结束开始的。它产生于对童年身份的有选择性的放弃、吸收和在新形态下的同化。这个过程依赖于*社会（子社会）对年轻个体的认同*，即承认他变成这样是必然的、理所应当的。群体并非没有戒备心，因此在认可一个新结识的个体时，通常会带着（几乎习惯化的）惊讶和愉快。相应地，群体能够感受到愿意接受其认可的个体的"认可"，也会感受到看上去不在乎其认可的个体报复般的拒绝。

3

尽管青春晚期是认同*危机*很明显的一个阶段，但是认同的*形成*既不是从这个阶段开始的，也不会在这个阶段结束。对于个体而言，认同在很大程度上会无意识地贯穿其一生。它的起源可以追溯到个体第一次自我意识的出现——在婴儿最初的对他人微笑的反应中,*随着与他人相互的确认*,某种程度的*自我觉察*产生了。

在整个童年期,试验性的探索随时可能产生结晶。个体感觉到并相信(这始于事物中最易于被意识到的一面),只有当他发现自我的确定性曾经一再地落入断断续续发展的社会心理的陷阱,才大约知道自己曾经是谁(Benedict,1938)。在某一特定的环境中,对小男孩和"大男孩"的要求的不连续性就是一个例子。大男孩可能会感到非常奇怪——他曾经被要求相信做小不点儿是极好的,现在却被强迫将毫不费力得到的身份换成"大人"的特殊责任。这种不连续性几乎就是一次危机。它要求个体的行为做出一次决定性的、策略性的模式重组;与此同时,还要求个体做出一定的妥协。个体想要对妥协进行补偿,则只能不断累积自己日益增多的承诺带来的社会价值感。机灵、凶猛或善良的小男孩,要想变成勤奋、顽强或风度翩翩的大男孩,就必须有能力,且有机会将两套价值观融合进一个被认可的身份认同中。这种认同将允许他无论在工作时还是娱乐时,无论在正式场合还是私密场合,都能够成为(并且也让他人成为)大男孩和小男孩的统一体。

社会支持人们这样的发展,允许儿童在每一步都引导自己走向一个完整的"*生命规划*"。在这个生命规划中,不同等级的角色由不同年龄的个体所代表。家庭、邻里和学校为儿童提供了与小孩子、大孩子、青年人和老年人的联系以及试验性认同。因此，有着多样化的连续试验性认同的儿童早早地就开始逐步建立预期：年老应该是什么样子的，正在经历的年轻感觉起来是什么样子的……当这些预期被个体恰当而关键的社会心理经验证明时，就会逐步成为其身份认同的一部分。

4

在精神分析中，人们对生命的*关键阶段*进行描述时，主要依据本能和防御，将其视作"典型的危险情境"（Hartmann，1939）。相较于因不同功能的成熟而产生的特定危机，精神分析更为关注的是性心理危机对社会心理功能（和其他功能）的侵入。

以正在学习*说话*的小孩子为例：他正在获取一种最重要的功能以支持个体的自主性，也正在获取一种最重要的技术以扩展"给和取（give-and-take）"的范围。仅仅是一种能力萌芽的出现，如能够发出有意图的声音，就立即驱使儿童"表达他想要的"，并促使他通过适当的语言表达来*获得*别人的关注。而在此之前，人们只关注他有意义的姿势。说话不仅让个体拥有了自己的音色，而且让个体发展出自己的讲话风格，也*使他成为*一个能够改变周围的人对自己的关注程度并让他们用不同的措辞做出回应的人。从此之后，他周围的人也相应地希望用较少的解释和姿势就可以被他理解。此外，他说出的话也成了一种契约——被别人记住的言辞中都包含着某种不可撤销的承诺。儿童在早期已经了解到（大人对儿童的）某些承诺会在不经意间发生变化，而其他承诺（主要指儿童自己的）则不能这样。语言不仅与可传递的事实有内在联系，而且与口头承诺和口头真相的社会价值也有内在联系。这种联系在支持（或未能支持）自我健康发展的经验中具有战略意义。我们在讨论社会心理层面的问题时，必须联系到目前较为熟悉的具有代表性的性心理层面的问题，比如通过言语来意淫或进行色情"挑逗"，或者在这种感官模式下强调消除或干扰的声音及言语的应用。在运用语音和单词的过程中，儿童很可能会从哀鸣和歌唱、判断和争论中发展出一种十分特别的结合体。这种结合体成了他未来认同的一个新元素——"某人用这样的方式讲话和听话"——的组成部分。相应地，这个元素也会与儿童正在发展的其他认同的元素（如聪明、貌美、粗鲁）联系在一起，还会被用来与其他人做比较——不论那人活着还是死了，被判定为理想的还是邪恶的。

将社会心理与性心理两方面在个体既有水平上进行整合是自我的功能；将新增的认同元素与已有的认同元素之间的关系进行整合也是自我的功能。因为随着驱力的性质与程度发生改变及心智功能不断拓展，新的且常常是冲突性的社会需求使个体之前的调整显得不那么足够，并在实际上让人对之前的各种机遇和回报心存质疑。这时，早期形成的自我认同的结晶就会屈服于新出现的冲突。这种发展中的标准化危机有别于那些强制性的、创伤性的、神经质的危机；因为当社会（根据生命各阶段主要的构想和约定）提供新的具体机会时，成长的过程也会提供新的能量。从遗传基因的角度来讲，身份认同形成的过程会呈现一种*持续进化的形态*。这种形态会通过整个童年期不断的自我整合和再整合而逐步建立起来，也会逐渐融合*本质的假设*（constitutional givens）、独特的力比多需求、偏好的能力、重要的认同、有效的防御机制、成功的升华以及稳定一致的角色。

5

在童年期的最后阶段，要将所有正在汇聚的身份认同元素进行最后的组装（并放弃那些有分歧的元素）[5]。这看上去是一个非常艰巨的任务——我们很难相信在这样一个像青春期一样"不正常"的阶段个体可以完成这一任务。此刻，我们有必要再次回想一下，无论青春期表现出来的"症状"和情况与神经症和精神病有多么相似，它们都不是一种折磨，而是*标准化的危机*。也就是说，青春期是一个冲突不断加深的正常阶段，其特征是自我力量的表面波动以及成长的高潜能。神经症及精神病的危机有三个特征：明确的自我延续倾向、不断增加的对防御能量的浪费和加剧的社会心理隔离。相对而言，标准化的危机更可逆，往好的方面说，它是会过去的，其特征是拥有充足的可以利用的能量——不可否认的是，这些能量不仅会唤醒休眠的焦虑并引发新的冲突，也会同时在游戏式的寻找并融入新机遇、新联系的过程中支持新的拓展了的自我功能。那些在带有偏见的观察之下像是神经症开端的情况常常只是一种危机加剧的表现。最终，事实可能会证明，这种危机是能够被个体自行处理的，而且它对认同形成的过程也是有帮助的。

当然，事实上，在青春期这个形成身份认同的最终阶段，个体很可能要承受以前没有遇到过（并且以后也不会遇到）的十分复杂的角色紊乱，而且这种紊乱会使个体无法防御那些之前潜伏下来的致命困扰的突然冲击。与此同时，我们有必要强调一下，不太神经质的青少年身上那种混乱、脆弱、冷漠、不羁、挑剔又固执己见的人格之中包含着许多经过了半认真思考的角色试验（如"我挑战你"和"我挑战我自己"）的必要元素。因此，这种明显的紊乱被看作一种*社会性游戏*，也被认为是童年游戏在遗传上真正的继承者。类似的，如果勇敢的话，青少年也可以为了青春期自我的发展需要，在*内省与幻想*时进行游戏般的试验。一旦发现青少年充满危险的本我的内容（例如俄狄浦斯情结）"接近意识水平"，我们就会变得警觉。这主要是因为，当个体过于热切地追求"意识化"，以至于被推到了无意识的悬崖边甚至已经探出大半个身子时，精神治疗会对其造成明显的伤害。通常，青少年将身子屡次探出悬崖冒险是在经验指导下的试验，他们也因此变得更加易于被自我控制——前提是，这些经验能够通过为之建立的那些行为准则以某种方式传递给其他的青少年，且不会被过度热情或神经质的成年人带着致命的严肃过早地予以回应。青少年的"防御的不稳定性"也常常会让担忧的临床医生眉头紧锁。而事实上大部分的不稳定性根本就不是病态或反常的。因为青春期本身就是一个危机,只有动态的防御机制才能抵御内在和外在要求所引起的受迫害感;只有磨难和错误才能帮助青少年找到最恰当的行为和自我表达的方式。

通常,有人可能认为与青少年的社会性游戏有关的偏见(类似于童年游戏的本质所受到的偏见)是不容易被克服的,抑或认为青少年的这些行为是不相关、不必要、不合理的,而且意味着纯粹的退行和神经质。在过去的研究中,人们更关注幼儿的独自游戏行为,而忽视了那些自发的交互游戏行为。[6]如今,当我们关注青少年个体时,对青少年加入彼此小圈子的这种行为不能做出恰当的评价。儿童和青少年在实现社会化以前为彼此提供被认可的延缓和共同的支持,以便进行自由的试验,平衡内在和外在危险(包括那些来自成人世界的危险)。某个青少年获得的新能力是否会被退回到婴儿期的冲突中,在极大程度上取决于他的同伴团体为他提供的机遇和回馈的质量,以及社会从总体上要求他以何种更加正式的途径来实现从社会性游戏到工作试验的过渡、从转化的仪式到最终承诺的过渡——这一切都必须建立在个体与其所在社会默认的契约之上。

6

认同可以被意识到吗？当然，认同有时似乎是完全可以被意识到的。因为在不可阻挡的外部要求和极为重要的内部需求的夹击之下，那些仍在不断做出尝试的个体可能会产生一种短暂而极端的*认同意识*。对于青少年而言，认同意识是许多典型的"自我觉察"形式的核心。当认同的形成过程被延长时（这样能带来创造性收益），对"自我形象"的专注也会流行起来。因此，当我们即将获得认同、惊讶而略带喜悦地初次认识到它的存在时，或当我们即将迈入危机并感受到认同紊乱时，我们能够最为清晰地意识到自己的认同。接下来，我们将讲解认同紊乱的典型表现。

从另一方面来看，增强的认同感在前意识中（preconsciously）是社会心理健康的表现。与之同步产生的最明显的是一种舒适的感觉、一种知道"自己将要去哪里"的意识，以及一种确信自己能从对自己重要的人那里获得认可的预期。然而，人们并不能一次性获得这种认同感，也无法一劳永逸地将其保持下去。例如，我们常说的"良心"——尽管到了青春晚期，我们通过进化和巩固会得到更加持久和经济的方法来保持和修复它，但它还是会不断地被丢失，又不断地被重新获得。

和自我整合的任何一个方面一样，认同感有前意识的一面，即能被觉知的一面；同时，它也有无意识的、只有通过心理测量和精神分析才能被理解的一面。遗憾的是，关于这一点，我只能提出一个一般性的论断，不做更细致的阐释。更进一步的论断涉及了心理健康完整的一系列标准。而在认同危机前后的发展阶段中，这些标准都具有详细规划以及相对完整的形态。具体内容见表3。

认同看上去只是人类生命周期这个更广泛构想中的一个概念。这一构想认为，*童年是人格通过各阶段具体的社会心理危机而逐步展开的过程*。我（1950a，1950b）曾在其他场合用表3展示了人格的这种渐成性原则。这张带有许多空格的表可以用来定期核查我们对社会心理发展所做的详细阐述。（然而，这张表只能推荐给那些拿得起、放得下并会认真对待它的人。）最初，这张表仅包含在对角线上呈下降趋势的那些内容（Ⅰ，1；Ⅱ，2；Ⅲ，3；Ⅳ，4；Ⅴ，5；Ⅵ，6；Ⅶ，7；Ⅷ，8）。为了方便初期训练，表格中其他的信息暂时受到了忽略。对角线上的内容呈现了社会心理危机的阶段顺序。其中每一部分内容都同时对应着健康社会心理状态的标准和不健康社会心理状态的标准——在正常的发展中，前者必须始终压倒后者（尽管后者永远不会完全消失）。表3所呈现的顺序代表了社会心理人格各组成部分的连续发展——每个部分都会以某种形式存在，直到它变成"阶段性的特定存在"；每个部分在其所属阶段结束时都会获得优势，并会或多或少地找到使自己持久存在的方法。个体的天性以及其所处社会的性质决定了他的发展速度和心理人格各部分在整体中的比

表3

	1	2	3	4	5	6	7	8
I 婴儿期 (infancy)	信任 对 不信任				单极性 对 不成熟的自我区分			
II 童年早期 (early childhood)		自主 对 羞耻、怀疑			双极性 对 自闭症			
III 游戏期 (play age)			主动 对 内疚		游戏认同 对 (俄狄浦斯期)幻想认同			
IV 学龄期 (school age)				勤奋 对 自卑	工作认同 对 认同早闭			
V 青春期 (adolescence)	时间知觉 对 时间知觉紊乱	自我确定性 对 认同意识	角色试验 对 消极认同	成就预期 对 工作麻木	身份认同 对 认同紊乱	性别认同 对 性别紊乱	领导极化 对 权威紊乱	意识形态极化 对 理想原型紊乱
VI 成年早期 (young adult)					相互支持 对 社会隔离	亲密 对 疏离		
VII 成年期 (adulthood)							繁衍 对 停滞	
VIII 成年晚期 (mature age)								整合 对 厌恶、绝望

例——各部分都被系统地关联了起来，并且依赖于彼此在恰当时间的恰当发展。

正是在青春晚期，认同成了一个阶段性的特定存在（表3 V，5），也就是说，个体必须找到一种确定的整合形式来为避免社会心理冲突做准备，否则就会留下缺陷或过多的冲突。

以这张表为蓝图，我首先要说明本文中不会讨论"认同"这个复杂问题的哪些方。举例来说，我们不会对认同在婴儿自我中至今尚不明确的前身做更多的阐述。我们更愿意通过一种非传统的方式来接近童年，即从成年早期向回追溯。我们确信：个体早期的发展是无法被单独理解的；在整个成年前的阶段缺乏统一理论的情况下，童年的早期阶段是无法被说明的。因为婴儿最早期经验的重构一再表明，他不会也不能在自身中重新构造出生命的进程（而他不可避免地要遭遇必要的愤怒所带来的紊乱）。在生命周期性循环的社会中，一个很小的孩子在依赖社会的同时也被社会所依赖；社会引导着他的驱力以及伴随着反馈的升华。这种真实使我们有必要去讨论接近"环境"的精神分析方法——在本文的结尾，我们将重新回到这个主题。

第二个被系统地省略的方面是性心理的阶段。那些承诺会去学习《童年与社会》中性心理发展表的读者知道我正试着做一个铺垫，以便能详细地解释性心理和社会心理渐成论的吻合部分。所谓的渐成论可归纳为性心理和社会心理两个进度表。根据这两个进度表，存在于整个发展过程中的各个组成部分在连续的阶段中相继瓜熟蒂落。尽管本文只关注了后者,并且实际上只展开了其中的一个阶段,但这两个进度表在本质上的不可分离性隐隐地贯穿在本文中。

那么,精神分析的传统源泉中有哪些方面将获得我们的关注呢?首先还是个人病史,其次是案例中对于*认同紊乱*的临床描述。鉴于我们希望从一个更为熟悉的角度厘清认同的问题,故将回归"整体性目标",即开始"提炼"弗洛伊德所说的"心理病理研究中对正常心理有益的东西"。

病理描绘：关于认同紊乱的临床影像

病史的研究仍然是精神分析的一个传统源泉。接下来，我将为大家描述年轻人心理失调的症状。心理失调通常发生在那些不能有效利用社会为其提供的约定俗成的延缓期的个体身上；而这些个体也无法为自己创造并维持一个符合切身情况的独特延缓期（正如前文中萧伯纳的例子）。他们通常会去找精神病学家、牧师、法官及（我们必须补充的）招聘专员等，从而找到一处被准许的（却往往会令人非常不舒服的）场所等待这个阶段过去。

我掌握了许多年轻病人的案例史——他们都在十六至二十四岁期间经历了激烈的心理失调。在这些病人中，我亲自接待的只有很少一部分，治愈的更少。这些案例有一部分是在斯托克布里奇的奥斯汀·理格中心和匹兹堡的西部精神病研究所的督导课和研讨会上收集的；而更多的则是来自奥斯汀·理格中心的病人档案。我对这些案例史所做的一个*拼合性的概述*（composite sketch）会使读者立马想到在青少年（Blos，1953），尤其是年轻的边缘型人格患者（Knight，1953）（他们多被诊断为早期精神分裂，或带有偏执、抑郁、精神错乱或其他倾向的严重人格障碍）身上出现的诊断问题和技术问题。这些已经被大家接受的诊断标准在这里并不会受到质疑。我们将专注于生命危机中具有代表性的普遍特征。这里所说的危机是每个病人都要面对的，它是自我（暂时或最终）没能形成认同的结果——病人们都经受了*严重的认同混乱*。[7]显然，只有对案例做详细的展示，才能表明这一"阶段特定（phase-specific）"方法的必要性或合理性。这个方法强调一群病人应当有相同的生活任务，但也需要不同的诊断标准。与此同时，我希望拼合成的概述能够带给大家真实感。我熟知的那些案例分别是在伯克郡的一家私人诊所和位于工业化城市匹兹堡的一家公立诊所中看到的。这意味着，我们在这里所呈现的案例中至少含有两种美国极端社会经济地位的代表（及其对应的两种极端的认同问题）。此外，这还可能意味着，我们所讨论的家庭会因为他们在阶层流动性量表以及美国化量表上极端的位置，而向他们的孩子传递一种确定的无望感，让这些特殊的孩子们认为自己没有机会享有（或者战胜）美国人主流的行为方式和成功象征。[8]那么，我们在这里讨论的心理失调是否适用于那些处于中产阶级附近的、更加舒适的人群呢？如果适用，还需要具备什么前提呢？目前看来，这仍是一个开放性的问题。

崩溃的时刻

当年轻的个体发现自己暴露在复杂的情境中，并被要求在*身体的亲密接触*（并不总是指性方面的）、关键的*职业选择*、充满活力的竞争以及*社会心理的自我界定*等方面做出承诺时，尖锐的认同紊乱往往会变得明显。例如，一个女大学生的母亲为了让人忘记自己放荡不羁的过去而变得异常保守，并且对孩子表现出过度的保护。这个女生踏入校园后，会遇到与自己背景完全不同的年轻人，且必须在其中选择自己的朋友或敌人；她会遇到具有截然不同的风俗传统（特别是在两性关系方面）的人们，且必须选择是否与之互动。另外，她还需要对自己的决策和选择做出承诺——这是参与竞争，甚至是成为领导者的必要条件。她常常会在这群非常"不同"的年轻人身上发现令人感到舒服的价值观、行为方式和标志。而这些正是她的某位长辈私下怀念却又公开鄙视的东西。任何明显的决策、选择，特别是成功，都会将冲突性的认同带到她眼前，并立刻形成压缩下一步试验性选择范围的威胁。在这个时候，时间极为重要，而每一步都会在社会心理的自我界定，即个体在同龄人中所代表的"类型"（这正是个体急需的）上建立一个必须遵守的先例。另一方面，任何明显的对选择的逃避（也就是延缓期）都会导致一种*外部的*疏离感和内部的空虚感。这会令个体毫无防备地面对旧的力比多客体，并因此面临令人困惑的意识上的排外感，面对某些更原始的认同形式，（在某些情况下）面对与旧有内摄的再次斗争。这种退行性的拉力往往会引起心理学家们的高度重视。这在某种程度上是因为我们更熟悉该领域，能识别出这种向婴儿期性心理退行的迹象。然而，如果我们对青少年短暂退行的特殊本质没有一定的洞察，就不能深刻理解心理失调并认识到它是一种努力或尝试——试图推后或避免社会心理层面上的早闭（foreclosure）。麻木的状态可能接踵而来。这种机制被设计出来似乎就是为了让个体维持最低限度的真实选择与承诺，并在最大程度上坚信自己仍可以选择。在现有复杂的病理问题中，只有小部分会被拿出来加以讨论。

亲密问题

表3显示，"亲密对疏离"成为核心冲突发生在"身份认同对认同紊乱"成为核心冲突之后。我们有理由认为，许多病人的崩溃更可能发生在成年早期而不是青春晚期。这可以被一个事实所解释，即通常只有尝试卷入密切的友谊、竞争或性亲密中才能完全地揭示出认同潜在的弱点。

与他人"建立"真正的关系既是稳固的自我界定的结果又是对它的检验。如果年轻的个体没能建立这种关系，那么当他尝试在友谊与竞争、性游戏与爱情、争论与流言之中寻找游戏性亲密关系的试验形式时，就很可能体会到一种不寻常的紧张感。这种尝试性关系的投入似乎有可能转化为一种等同于认同丧失的人际间的融合状态，因此个体需要存留某种内在的紧张感，作为对承诺的一种提醒。如果年轻人不能解决这种紧张感，他可能会将自己隔离起来——最理想的情况是，他会进入一种刻板化、形式化的人际关系模式。否则，他可能会在兴奋的尝试和凄凉的失败中反反复复地和最不恰当的人建立亲密关系。认同的确定感一旦消失，个体即便处于友情和恋情中，也会绝望地尝试通过自恋式的相互映射来描绘认同的模糊轮廓。于是，陷入爱河常常意味着了解自己；而这会伤害自己，破坏对自己的印象。在性体验或性幻想中，放松的*性别认同*也会造成某种威胁：无论处于异性恋还是同性恋之中，个体甚至会变得连究竟是自己还是伴侣产生了性兴奋都不确定。自我因此丧失了适应能力，无法全身心投入性和感官享受中以达到和另一个个体融合的状态。而这个个体既是感官享受的同伴，也是自我持续认同的担保人。于是，与他人的融合反而造成了认同的丧失——维护相互关系的能力可能突然坍塌，绝望的感觉接踵而至。个体会半刻意地退回到一个只有非常小的孩子才能理解的充满困惑和愤怒的基础阶段，让一切从头再来。

我们必须记住，与亲密相对的是*疏离*，即准备拒绝、忽视或者破坏那些在本质上似乎对自己产生威胁的力量和人。当个体与具有某种观念的某些人建立亲密关系时，如果没有有效地拒绝另一些与之不同的人或观念，就无法建立真正的亲密关系。因此，无力拒绝或无节制的拒绝，都是认同不完整导致无法获得亲密关系的本质特征——任何不能明确这一点的人，都无法做出明智而审慎的拒绝。

年轻人认为只有与"领导者"进行融合才能使自己获得拯救，而他们的此种感受往往表现得令人生厌。所谓领导者，是一个完成以下使命的成年人：能够并且愿意将自己作为一个安全的客体以方便年轻人进行试验性的屈服；能够指导年轻人重新学习迈向亲密的二人关系的最初步骤；能指导年轻人进行合理的拒绝。面对这样的一个人，处于青春晚期的个体更加希望能够成为其学徒、门徒、追随者、性伴侣或病人。通常，这种融合一旦失败，必然使情况变得最激烈、最绝对。因此年轻人会退缩，进行深刻的内省和自我评估——如果个体恰好处于极端恶化的环境中或者有较强的孤独倾向，就会陷入一种边缘型人格的麻木状态。其主要症状包括：令人十分痛苦且不断加剧的隔离感、内部连续性和一致性的瓦解、全面的羞耻感、无法从任何活动中获得成就感的无力感、不能主动把握自己命运的被动感、从根本上被压缩的时间知觉、基本的不信任。它证明病人在社会心理层面上确实是存在的，也就是说，病人需要一些帮助才能变成他自己。

时间知觉紊乱

在一些例子中，青春期持续过长或延后会在*时间体验*方面引起一种极端的心理失调现象——即便其形式较为温和，也属于常见的青春期精神病理学的范畴。这种极端情况的症状主要包含极度的急迫感和未能将时间作为生存维度进行考量的丧失感。年轻的个体可能既觉得自己非常年轻（事实上有点儿像孩子），同时觉得自己已经老得无法恢复活力。在这类病人身上较常见的症状包括对错过伟大时刻的抗议、对早熟的抗议，以及可用潜力的毁灭性丧失。这些症状也存在于认为抗议有浪漫气质的青少年中。其潜在的危害既包括对时间能够带来改变这个信念的明确怀疑，又包括对时间可能带来的改变的强烈恐惧——这种矛盾常常表现为一种普遍的"慢下来"。病人的常规行为（和治疗）表现得就像是在糖蜜之中移动。对他而言，上床睡觉是困难的，向睡眠状态转变是困难的。而同样困难的是起床和对失眠状态做出补偿。总之，开始很困难，结束也很困难。诸如"我不知道""我放弃""我退出"之类的抱怨绝不只是反映轻度抑郁的习惯用语——它们常常是绝望的表达。爱德华·比布林[①]（1953）最近将其作为自我"让自己死去"的愿望进行了讨论。生命应该在青春晚期（或者之后的某个计划中的"截止日期"）真正完结——这一假设并不是完全不受欢迎的。事实上，它是一个全新开始的唯一希望。一些病人甚至需要这样一种信念：如果（成功的）治疗不能证明生命的价值，治疗师就不需要承诺能够延续他们的生命。如果不具备这样的信念，延缓期就不是真正的延缓期。与此同时，"希望去死"的想法仅仅存在于一些有真实自杀愿望的稀有案例中——"成为自杀者"本身变成了一个不可避免的认同选择。在这里，我想到了一个漂亮的年轻女孩的例子。她是一位挤

[①] 席尔德（Paul Ferdinand Schilder，1886—1940）：奥地利心理治疗师，师从弗洛伊德，是群体治疗的创始人之一。

奶工的长女，她的母亲一直说自己宁愿看着女儿们去死，也不愿看见她们变成妓女。每当她的女儿们与男性同伴间的关系前进一步，她就怀疑她们在"卖淫"。女儿们最终被迫形成了一个秘密的女子联盟。她们有意避开母亲，尝试着进入不确定的情境中，但也尽可能互相保护以免受到男人的骚扰。她们最终在一个令人难堪的环境中被抓住了，政府也理所当然地认为她们在卖淫。她们被送进了各种各样的机构——在那些地方，社会为她们准备的"认可"给她们留下了深刻的印象。她们没有向母亲求助，因为感到她没有为她们留下任何选择；而社工的善意和理解都被周围的环境蓄意破坏了。最后，对于长女而言，除了去另一个世界，她已经没有任何未来可言。一天，她穿戴得漂漂亮亮的，然后上吊自杀了。她留下了一张字条，字条的最后是一句隐晦的话："为什么我获得尊严的方式却是放弃它。"

勤奋紊乱

认同严重紊乱的个体经常会在技能水平方面经历强烈的不适感。这种情况往往表现为无法将注意力集中到需要或应该做的任务上；有时也表现为自毁性地专注于某些偏激的行为，例如过度阅读。有时候，接受治疗的病人会在某个阶段找到一种能够让自己重拾已丧失的技艺感（workmanship）的活动。这个阶段是一个重要时期。在这里，我们必须牢记，在青春期前的发展阶段

（特别是学龄期），儿童掌握了参与其本国文化中特殊技术工作所必备的条件，同时也被赋予了发展技能感和工作参与感的机会和生活任务。俄狄浦斯期之后便是学龄期。在这一阶段，儿童朝着自己在社会经济结构中的位置迈出了真实的（而非嬉戏的）步子；对父母重新做出了认同，将他们视为劳动者和传统的承担者，而不是性别和家庭的承载者。由此，至少有一种可以变得像父母一样的更加具体的、"中性"的可能性产生了。在许多不同的教育场所（如健身房、教堂、鱼洞、工作室、厨房、校舍）中，基本训练所要达成的既定目标都是儿童和其同龄伙伴所共享的；而大部分场所在地理上都是和家、母亲、婴儿等记忆相分离的。在这个阶段，工作的目标绝不只是对抑制婴儿本能目标的支持或利用，而且也是对自我正常运作的强化。因为它们在社会现实中用真实的工具和材料提供了一种建设性的行为。自我将被动转变成主动的趋势在这个阶段获得了一个新的展示领域——它在很多方面都超越了只存在于幼稚的幻想和游戏中的由被动向主动的转变。至此，活动、实践和完成工作的内部需求已经准备好迎接社会现实中相应的要求和机会（Hendrick，1943；Ginsburg，1954）。

在工作认同开始形成时，因为有俄狄浦斯期的先例，所以年轻病人身上的认同紊乱会使发展改变方向——朝向俄狄浦斯期的竞争和兄弟间的对抗。因此，与认同紊乱相伴的不仅有专注能力的缺失，还有对竞争性的过度知觉与厌恶。我们讨论的病人通常都很聪明，不仅有能力，而且确实在办公室工作、学术研究和体育运动中都成功地展示了自己。但是他们现在丧失了工作、运动和社交方面的能力，也因此丧失了社会游戏方面最重要的动力及躲避虚无缥缈的幻想和模糊的焦虑的最重要的避难所。幼稚的目标和幻想被危险地赋予了某种来自成熟的性器官的能量和来自增强的进取心的能量。父母一方面再次成了目标，另一方面则再次成了阻碍。但是，这个被重新唤醒的俄狄浦斯期的奋斗不是，也一定不能被简单地理解为性方面的奋斗。它是朝着最初起源的一次转向，是解决早期内摄紊乱和重建动摇的童年认同的尝试。换言之，它是一种对于重生的期望——病人期望朝着现实和相互关系再次走出第一步，获得新的许可以再次发展联系、行动和竞争的功能。

一位在大学期间发现自己内心困扰的年轻人，去了一家私人医院接受治疗。起初，他似乎因为对与父亲同为教授的治疗师抱有毁灭性的过度认同而看不清自己。在一位充满智慧的"驻场画家"的指导下，他突然发现自己在绘画方面有着天生的突出才能，但这种活力因被超前的治疗阻碍，而无法变成自我毁灭式的过度活跃。当绘画被证明对于让病人逐渐取得自己的认同感确实有帮助时，他在某天晚上做了一个不同于以往的梦。过去的梦总令他从恐惧中惊醒，而在这个梦中，他从火灾和迫害中逃了出来，跑进了自己创作的一幅森林图画中。他进去后，画中的树木一下子活了，并且变得一望无际。

消极认同的选择

个体认同感的丧失往往表现为对其家庭及所处社区提供的恰当而可取的角色充满轻蔑和高傲的敌意。不论该角色是男性化的还是女性化的，是民族性的还是阶级性的，它的任何一方面甚至是所有方面都会变成被年轻人尖刻轻视的主要焦点。年轻的病人认为似乎生命和力量只存在于个体不在的地方，而腐朽与危险威胁着他经过的每一个地方。这种由背景因素引起的过度轻视的现象在最古老的盎格鲁-撒克逊家族以及最新一代的拉丁家庭和犹太家庭中很常见，他们很容易对任何美国式的事物感到厌恶，并且对其他国家的一切事物具有一种不合理的高估。下面这个典型案例描绘了超我在贬低青年正在衰退的认同时获得的胜利：

在这个时候，他心中那个贬低自己的声音开始放大了。它开始干扰他做的每一件事情。他说："无论我是在抽烟、向女生表白、摆姿势、听音乐，还是在读书，心中总会响起一个声音——你这样做都是为了装样子；你是一个骗子……在最后一年，这个谴责的声音已经变得没完没了了。"前几日，他乘火车从家回学校，在进入纽约之前，穿过了新泽西州的沼泽地以及一些比较贫穷的地区。他突然觉得和校园或家里的人相比，住在那里的人们与自己更气味相投。他感到，生命在那些地方是真实存在的，而校园更像一个受庇护的、缺乏男子气的地方。

这个例子的重点在于，我们不仅要看到一个过度自负的超我如何被过度清醒地知觉为一个内部的声音，还要看到尖锐的认同紊乱如何投射到社会上。还有一个类似的例子：一个来自富饶的采矿小镇的法裔美国女孩在单独和男孩相处时会恐慌到全身麻木。看起来，她身上大量的超我禁令和认同冲突在强迫性的观念（即作为"法国人"，每个男孩都有权期待她在性方面做出屈服）中引发了短路。

年轻人在尝试通过寻找新标签来逃离认同紊乱时，通常会满怀愤怒地坚持让他人用一种特别指定的名字或绰号称呼自己，但这种对国家和民族出身的疏离很少导致对*个人认同*的彻底否定（Piers and Singer，1953）。不过，对个体出身无意识的重构也确实会发生。例如，一个中欧裔高中女生私下和一群苏格兰移民保持着密切的关系，偷偷地学习并且轻易地吸收了他们的语言及社交习惯。在历史书及旅游书的帮助下，她为自己重构了一个发生在真实的苏格兰小镇上的童年——而且这个重构的身份显然对一些苏格兰人的后裔具有足够强的说服力。在被劝说与我讨论她的未来时，她会将（美国出生的）父母称为把我带到"这里"来的人，并且用大量的细节向我讲述她在"那里"的童年。我附和了她编出来的故事，并且暗示它比现实包含了更多的真相。我推断，部分现实是，她在童年早期与一位来自不列颠群岛的女性邻居产生了依恋关系。藏在这种近乎错觉的"真相"背后，其实是这个女孩为了反抗父母而形成的偏执而强烈的死亡愿望。这个愿望潜伏在女孩所有严重的认同危机中。当我最终问她是如何将这些苏格兰生活的细节整理在一起时,这种错觉的半刻意性表现了出来——她用苏格兰口音恳求道:"求求你,先生!我需要一段过去。"

从整体上来看,我们的病人会用一些更加巧妙的方式来表达冲突,而非摒弃个人认同;他们更愿意选择一种*消极认同*。在发展的关键阶段,个体曾经遇到过一些最有害、最危险,但同样也是最真实的认同与角色,而消极认同在此基础上倔强地生长。举例来说,有一位母亲,她的第一个儿子去世了,复杂的内疚感使她在照顾其他活着的孩子时无法像怀念死去的儿子那样全心投入。她的一个孩子坚信,生病和死亡是比健康或其他更容易被"接受"的保证。对于变成酒鬼的儿子怀着无意识的矛盾情绪的母亲可能会一而再,再而三地只对他身上那些可能使他重复亡兄命运的特质进行回应。在这种情况下,对这个儿子来说,"消极"认同比成为好人的其他所有自然尝试更加具有现实性:他可能会努力变成一名酒鬼,不再获取某些必要的特质,最终进入一种棘手的麻木状态。在另一些案例中,寻找和保卫自己位置、抵御过于理想的原型必然会导致消极认同。这些理想原型既可能来自有着病态野心的父母,也可能是确实优秀的父母看起来已经实现的。无论是在哪种情况下,父母的弱点和未表达的愿望都被儿童用致命的透视能力识别了出来。有一位演技一流的白人男子,他的女儿从校园中逃了出去,并在一个南部城市的黑人区因卖淫被抓;还有一位居住在南部城市的有影响力的黑人牧师,他的女儿被发现在芝加哥与一群瘾君子混在一起。在这些案例中，最重要的是识别出年轻人在这些角色扮演中带有嘲弄意味和报复性的伪装——到目前为止，那个白人女孩并没有真的卖淫，而那个黑人女孩也没有真的变成瘾君子。然而，很显然，她们都将自己置于社会的边缘地带，让执法者或者精神机构决定应该给她们的行为贴上什么样的标签。还有一个十分相似的例子：一个小镇男孩作为"镇上的同性恋者"被介绍到了一家精神诊所。经过调查，男孩似乎是在没有任何同性恋的实质性行为——除了在早期曾被一些较大的男孩强奸——的情况下，成功地承担了这种名声。

当然，这些对消极认同的报复性选择其实是一种绝望的尝试——在可获得的正性认同元素被抵消掉的情境下，个体想要重新获得某些控制力。这一选择的历史背景为我们揭示了消极认同存在的一系列环境。正是在这些环境下，消极认同较容易从全部的认同中脱颖而出。对于可被接受的角色而言，和那些追求现实感的认同相比，消极认同本来是最不应该被选择的；但事实上，那些可被接受的角色在病人的心中都是不可企及的。一名年轻男性说："我宁愿极度不安全，也不要只有一点儿安全。"一名年轻女性说："至少，我在贫民窟里是个天才。"他们的话限定了完全选择消极认同之后解脱的范围。我们常常能在年轻的同性恋者、吸毒者和愤世嫉俗者中发现这种解脱。

横在我们面前的一个相关的工作是分析傲慢（snobbish）的现象。在高级的形式中，傲慢会让某些人求助于某些不属于自己的东西，如父母的财富、背景和名声等，从而否认自己的认同紊乱。但还有一种"低层次中的低层次"的傲慢，即因表面上认识到了"一切皆空"而产生的骄傲。许多大龄的青少年在面对持续的混乱时，宁愿（*通过自由选择*）成为一个无足轻重的人、坏人，甚至完全、确实地死去，也不要成为一个不完全的大人物。"完全（total）"这个词并不是偶然出现在这个关系中的，我曾在另一个关系（Erikson，1953）中尽力描述了人类的一种倾向：在发展的关键期，当重新整合成一个相对"完整（wholeness）"的状态似乎不能实现[9]时，人类就会期待一种"完全"的状态。

移情与阻抗

我在这里说的那些与病人遇到的治疗性问题有关的内容必须被限制在与认同和紊乱的概念相关的范畴中。而治疗的技术问题已经由边缘型人格领域研究的人员进行了详细描述。[10]

在进行治疗时，我们所讨论的一些病人会经历一个特别的恶化阶段。尽管退行的程度和表现出来的危险必然会影响我们的诊断结果，但从一开始我们就需要识别出这种恶化中蕴含的机制——我称之为"底线态度（rock-bottom attitude）"。它包括了病人对退行拉力的半故意式屈服。病人希望能够彻底地找到底线——它既是退行的极限，也是重新开始发展的唯一坚实基础。[11]这种刻意寻找"底线"的假设把恩斯特·克里斯的"退行是为自我服务"的观点推向了极致。他认为："有时候，病人在康复的同时会发现之前被隐藏的天赋。这一事实表明我们应对该观点做进一步研究。"（Kris，1952）

在和这类病人进行最初的治疗性接触时，依附在"真实的"退行上的蓄意成分往往会以"无处不在的嘲弄"这种形式表现出来——通过那种奇怪的满足虐恋的氛围表现出来。而这种氛围使病人很难看见，也更难相信他们的自我贬低和"让自我去死"的意愿正偷偷庇护着毁灭性的真诚。正如一位病人说的："不知道如何成功已经很糟糕了，但最糟糕的是不知道如何失败。我决定好好失败一把。"这种近乎"致命"的真诚能够从病人坚定的决心中找到。这种决心包括*只信任不信任本身*，也包括从大脑黑暗的角落中寻找简单、直接的新经验以便在充满信任的关系中进行最基本的试验性重建。治疗师在面对一个带着嘲弄和挑衅的年轻人时，确实必须要承担起母亲的责任，即让孩子意识到生命是值得信任的。治疗的核心是病人对重新描述自己从而重建认同基础的需求。起初，病人的描述会发生十分突然的改变，他的自我边界在我们眼前发生剧烈的变化：从灵活多变突然到"呆若木鸡"，从精力集中变得抑制不住地犯困，心血管系统反应过度以至于晕眩，人格解体的感觉压倒了现实感，肉体存在感的丧失带走了自我确信感。谨慎而坚定的质询将揭示"攻击"发生前可能存在的许多矛盾的冲动。首先，病人会有一种突然想要彻底摧毁治疗师的强烈冲动，与之相伴的是潜藏的想要吞噬治疗师的本质和认同的"食人者"的愿望,与之并存或交替存在的是一种被吞噬的恐惧和愿望——希望通过被治疗师的本质吸收来获得一种认同。当然,这两种倾向在较长的时间内常常会被掩饰或者躯体化。在这段时间内,它们只会在治疗之后才有所显示(但也常常是保密的)。这种表现可能会是冲动的滥交(却没有性满足感或参与感)、极度的自慰或进食、酗酒或飙车、自毁性的废寝忘食地阅读或听音乐。

在这里,我们看到了最极端的*认同阻抗*。顺便提一句,认同阻抗的表现远不止我们描述的那些。它是一种普遍的阻抗形式,在分析时常被体验到,但平时不易被识别。一种更温和、更常见的认同阻抗是病人的恐惧,然而治疗师常常会因为独特的人格、背景或哲学观而粗心大意或故意地摧毁病人认同的脆弱核心,并把自己的认同强加给病人。我可以毫不犹豫地说,病人和训练中的学员身上之所以会表现出某些经过很多讨论但尚未得到解决的移情性神经症,是因为认同阻抗在最好的情况下也常常只被非系统性地分析过。在我们的案例中,来访者尽管在其他方面都屈服了,但在整个治疗期间会抵制一切可能入侵的治疗师的认同,或者会吸收超出其自身能够掌控范围的认同,又或者会留下一种终生的印象,即治疗师并未提供实质性的东西。

在急性认同紊乱的案例中,认同阻抗变成了治疗技术的核心问题。各种精神分析技术的共同点是,要以支配性的阻抗为选择的主要依据,并且解释说明必须符合病人运用的能力。病人会蓄意阻碍沟通直到他能解决某些基本的问题甚至矛盾。病人强调：治疗师应该接受他的消极认同，并认为这（在过去和现在）是真实的、必需的，而且不会简单地给出"（消极认同）就是这么简单，就是他的全部"这种结论。如果治疗师能满足这些要求，那么，在经历许多严重的危机后，他必然会耐心地证明自己能保持对病人的理解和喜爱，而且没有吞噬病人或者把自己作为图腾之餐进行献祭的想法。在这种情况下，病人即便非常不情愿，也会因得到理解而出现移情。

在最突出和最直接的移情和阻抗中，我们只能观察到很少一部分认同紊乱的线索。个体治疗在我们讨论的案例中只是治疗技术的一个侧面。这些病人的移情是弥散性的，同时他们的表现始终是危险的。因此，某些病人需要在医院接受治疗。在那里，他们除治疗关系之外的行为能被观察到，也能被限制；在那里，除了新获得的和治疗师之间的两极关系之外，他们只要在足够广泛的行为选择中迈出一步，就会获得有接纳能力的护士、有合作精神的病友和真诚的指导者所提供的即刻支持。

家庭和童年的特殊因素

当我们在讨论致病趋势存在重要共性的病人时，倾向于查找他们父母的共同点。我想，有人可能会说，我们案例中许多病人的母亲有一些共同的突出特性：首先，她们具有一种明显的"向上攀升"或"努力维持"的虚荣的地位意识,为了财富、得体和"快乐"的面子工程,几乎愿意在任何时候放弃自己真实的情感和明智的判断(事实上,她们试图强迫她们敏感的孩子假装"天生拥有得体的"社交能力并"乐于"如此)。其次,她们拥有一种特殊的才能,可以穿透一切、无处不在;她们独特的声音和最轻柔的啜泣是那样尖厉、哀怨、烦躁,以至于在相当大的范围内令人无处可避。我们的一个病人在童年常做一个重复的梦:一把剪刀一开一合地在屋子里面绕着圈飞。这把剪刀被证明象征着母亲的声音,它尖厉且能剪断一切。[12]这些母亲有爱,但是她们的爱充满恐惧、悲哀和侵入性。她们如此渴望被赞许和认可,以至于向孩子倾泻了大量晦涩的抱怨——尤其是关于孩子父亲的;并恳求孩子通过他们的存在证明她们存在的合理性。此外,她们十分容易忌妒他人,并且也对来自他人的忌妒相当敏感;一旦有任何迹象显示孩子与父亲首先产生认同,或者孩子真正的认同建立在父亲认同的基础上,她们的忌妒会尤其强烈。我们必须额外说明的是,不论病人的母亲是什么样的,她们都会与孩子(即病人)更亲近;而无可避免的结局则是病人在一开始就会因为和母亲无法相容的巨大性格差异而选择回避她,从而深深地伤害到她。这些性格差异只是本质上的亲近关系极端的表现形式。通过这些,我意在说明病人退缩(或者行为冲动)的过度倾向和他母亲过度的社交入侵都有着高度的社交脆弱性。在母亲持续抱怨孩子的父亲没能让她成为一个女人的背后,是母子都深知的另一种抱怨,即孩子没能让她成为一个母亲。

尽管病人的父亲通常都很成功，在各自的领域内都是佼佼者，但在家里却无法反抗自己的妻子；因为妻子作为过分的母亲需要依靠他。这导致他也深深地忌妒自己的孩子。他的主动性和诚实让自己要么屈服于妻子的侵入性，要么怀着内疚感避开她。这只会导致病人的母亲对她的所有孩子或某些孩子的请求显得更加贪婪、哀怨、"悲情"。

关于我们的病人与其兄弟姐妹的关系，我唯一能说的就是，它要比其他正常的兄弟／姐妹关系看上去更像共生关系。由于早期认同的缺乏，病人倾向于和兄弟／姐妹中的一个形成一种类似于双胞胎的依恋关系（Burlingham，1952）。我们碰到的一个例外是，双胞胎中的一个孩子在某种程度上试图把另一个与自己非孪生的兄弟／姐妹当成孪生的。病人似乎倾向于至少向一个兄弟／姐妹的认同完全屈服。他们采取的方式远远超出了安娜·弗洛伊德（1936）所描述的"通过认同表达的利他主义"。看起来，我们的病人将自己的认同交给兄弟／姐妹的认同是希望通过某种融合的行为重新获得一种更大、更好的认同——在一段时期内，他们会成功，但随着虚假孪生关系的破裂，接踵而至的沮丧会带来更多的创伤。当他们突然明白那些认同只够一个人的量，而且似乎已经有人把它们偷走了时，就会感到愤怒和麻木。

总的来说，我们的病人童年早期的历史是异常平淡无奇的。他们身上的一些自闭现象常常在早期就被父母观察到了，但是通常又被合理化了。然而，人们有一种普遍的感觉是，青春晚期尖锐的认同紊乱的程度取决于童年早期自闭的程度，而前者决定了退行的程度，以及新的认同碎片和旧的内摄形象相撞时的冲击强度。在这些病人身上，似乎会频繁出现一种童年期或青年期特殊的创伤，即在俄狄浦斯期或青春早期发生的严重躯体创伤（及与之相伴的与家的分离）。这种创伤可能是一次手术、一种被延误诊断的躯体缺陷，也可能是事故或严重的性创伤。

治疗设计

我承诺过要做一个拼合性的概述，来描述前面所呈现的一切。只有再次对一些案例进行详细的展示才能既描述出自我的弱点与先天性倾向之间的关系，又描述出自我的弱点与家庭和阶层教育不足之间的关系。对年轻病人在医院这种环境下的恢复展开研究后，随之而来的便是对自我与"环境"的关系最直接的说明。这种研究主要包括对病人坚定的"孤独状态"的研究，对他们利用和挑衅医院环境的倾向以及逐渐成长的利用医院环境的能力的研究，对他们离开这种制度化延缓期的能力及返回社会后适应旧位置或新位置的能力的研究。医院环境为临床研究人员提供了参与式观察的机会，使他们不仅能够观察到病人个人化的治疗，而且能够观察到"治疗设计"——这种设计迎合了有着共同生活问题（即认同紊乱）的病人的合理要求。当医院研究某一特殊年龄群体的治疗需求时，一个典型的问题就得到了合情合理的解释。在我们的案例中，医院变成了一个充满计划性和制度性的世界中的世界，从而为年轻个体重建最重要的自我功能提供了支持——他曾经建立过这些功能，但又放弃了它们。与自己的治疗师之间的关系是病人建立新的、诚实的人际关系功能的基石；而这项功能必将使病人面对一个只能模糊感知到的而又极力想要否认的未来。正是在医院中，病人重新开始的社会性试验迈出了第一步：医院的特权和责任要求他服从安排并加入一项公共设计。这项设计力求满足他和他的病友们的需要，也顺带满足工作人员的需要。显然，在像医院这样的公共环境中，我们不仅需要照顾那些恰巧成为病人的个体的认同需要，也需要照顾那些选择成为病人兄弟姐妹的看护者的个体的认同需要。专业管理团队为看护者分配职责、奖赏和划分地位（并因此为各种反移情和"交互移情"打开了大门，从而也确实使医院更像一个家）的方式开始出现在有关医院精神面貌的文献中并被讨论（如Bateman and Dunham，1948；Schwartz and Will，1953）。这些文献也清晰地指出了这种情况存在的危险：病人选择了非常恰当的病人角色作为他正在凝结的认同的基础，因为这个角色被证明比他之前体验过的任何潜在的认同都更有意义（K.T. Erikson，1957）。

回顾

　　表本身有着极大的强制性。一个不完整却未被弃用的表会成为概念上的幽灵，会使人们无意识地与它交流。在治疗中，有人试图忽视一个令人尴尬的事实：在某种程度上表会不时地从治疗师背后监视病人并做出建议；而病人并不喜欢这种被干扰的氛围。我在对认同紊乱的一些主要特征进行了主观总结后，才确定了"它们"在表中的位置；不可否认的是，它们使表中曾经模糊的部分清晰了，并指明了理论特定的扩展方向。在这里，我简单地概括一下表3能教会大家什么。

　　最初，这张表只有对角线上的内容，即社会心理健康主要成分的阶段性成就或失败。然而，它肩负了一个伟大的使命："在对角线的上方，我为未来阐述各个解决方法的前身预留了空间——所有的解决方法都在最初就开始了；在对角线下方，我为解决方法在成熟人格中的衍生物名称预留了空间。"

　　因为表3的每一*列*都是"由最初开始"的，所以人们可能会犹豫着在最上面的格子里写下甚至还不确定的术语。但是，（青春期、少年期和婴儿期的）边缘性案例表明，在病人退行所到达的婴儿期的疆域中，都有着对*自我描述*（self-delineation）的基本不信任，以及对可能的*相互关系*的基本怀疑。表3给出了假设：个体在婴儿期最早的社会心理领域（也就是*信任对不信任*领域）的成功奋斗，如果能被一个有利的母性环境良好地引导，他将形成一种由*单极性*（unipolarity）主导的感觉（表3 Ⅰ，5）。这意味着个体产生了自身存在很美好的优势感。我认为应该将这种感觉与属于这个年龄段的自恋的全能感区分开。尽管婴儿仍然脆弱地依赖着母性环境直接、持续和一致的支持，但可以确定的是，一股来自个体自身的内外"美好"力量的真正的现实感已经产生了。它的对立面则是弥散性的相互矛盾的内摄及占据优势的幻想——它们会假装用全能的报复威胁充满敌意的现实。然而，个体一旦获得了单极性这一社会心理基础，紧接着，就可以发展*双极性*（bipolarization）（表3 Ⅱ，5）或（本我意义上的）对客体的专注（the cathexis of objects）了。这使儿童与强大、慈爱、拥有持续现实感的人们进行友好的试验成为可能——尽管这些人可能会先离开再出现，先拒绝再给予，或先表现得冷漠而后变得体贴。在暂时或持久的孤独症中，儿童对这种双极性感到绝望或者想躲开它，因而总是寻找一种虚幻的安全的"孤独状态"。

接下来，是与强大成年人和年长或年少同伴之间的*游戏认同*和*工作认同*（表3 Ⅲ，5—Ⅳ，5）。对此我们不再展开讨论。学前期和学龄期的相关文献详细地描述了这些更加明确的社会心理时期的收获和挫折。

表3的第五行恰好包含了*早期成就的衍生物——这些已变成认同奋斗不可或缺的部分*。我们有必要强调（并且也要简要描述）一个原则：当发展到后期（对角线下方）时，我们必须从后期视角重新回顾早期（对角线上方）相关成就，并对其重新命名。例

如，基本信任是好的、最根本的，但是当自我获得了更高的延展性，甚至当这种延展性受到社会挑战和影响时，它的社会心理质量就有了更大的差异性。

首先，我们讲一讲刚刚描述过的病理特征：*时间知觉紊乱*（表3 Ⅴ，1），或者说自我维持观点和期待这种功能的丧失是与*生命最初的危机*（表3 Ⅰ，1）相关联的。这是因为时间周期和时间特征的概念固着于对增长的需求性紧张感的最初体验、对延迟满足感的最初体验和与满意"客体"的最终统一，并且也是从这三者中发展起来的。当紧张感增加时，未来的满足感会在"虚幻"的印象中被预演；当满足感被延迟时，无能为力的愤怒会到来。这时，期待（以及相应的未来）会被抹去；对即将到来的潜在满足感的觉知再一次为高度浓缩的强烈希望和令人恐惧的失望留出时间。这一切都为基本信任（也就是内部信念）的形成提供了时间——毕竟，充足的满足感可以让等待和"工作"变得有价值。不论时间特征最初的清单里都有什么，退行最严重的年轻人显然被整体态度支配了。这种态度代表了对时间本身的不信任：每一次延迟似乎都是一次欺骗；每一次等待似乎都是一次对无能的体验；每一个希望似乎都是一个危险；每一个计划似乎都是一场灾难；每一个潜在的供应者似乎都会背叛。因此，如果有必要的话，应该通过神奇的时间魔法或死亡让时间静止。这些是极端的情况，几乎不会清晰地表现出来，但会潜藏在很多认同紊乱的案例中。我相信，每个青少年都或多或少地了解一些与时间自身不一致的短暂时刻。在它的常态或暂时的形式中，这种新的不信任会很快地或逐渐地屈服于"准许和要求强烈地投入一种或几种可能的未来"的看法。对我们来说，如果这些经常显得非常"不切实际"（也就是说，我们期望能了解历史转变的规则并改变它），我们必须暂缓对价值观做出判断。青少年，至少是某些青少年，可能会不惜一切代价想要获得一种人生观——其中包含某种值得投入能量的观点。真正实现这样一种人生观可能是后期学习和调整的结果，也常常是历史性机遇使然。

接下来，我会将表中的每一步都导向少量建设性的*社会考量*（social consideration）。在设想未来的时候，年轻的成人可能也需要萧伯纳口中的"宗教"和"根据明白易懂的理论获得的对生活的清晰理解"。我在一开始就说明，我将介于理论和宗教之间的这个事物称为*意识形态*（ideology）。这是一个极易被误解的术语。我要从世界观（或意识形态）的角度单独强调一下*时间因素*——根据新的正在发展的认同潜力，它们围绕着乌托邦式的简化历史观（拯救、征服、改革、快乐、理性、技术掌握）被组织了起来。不论意识形态在其他地方指什么、具有何种临时或长久的社会形式，我们在此处查看和讨论它的时候，都将它视为*自我成长的必需品*。它世代相承，存在于每个人的青春期中，致力于对过去和未来进行新的整合。这种整合必须包含过去，也必须超越过去——就像认同那样。

我们继续介绍*认同意识*（表3 Ⅴ，2）。它的前身是*羞耻、怀*

疑（表3 Ⅱ，2）。羞耻和怀疑抵消了自主感（即从社会心理层面上接受了自己已经永远是一个独立个体——真正形象的说法是，必须自食其力——的事实），并使其更加复杂。引用我自己的话（1950a，p.223）来说："羞耻感是尚未被充分研究的情绪。[13]因为在我们的文化中，它是如此早、如此轻易地被内疚感吸收了。羞耻感的假设是，一个人被完全暴露在众人的目光之下，并且意识到了这一点，因而感到扭捏、不自然。一个人是可见的，但他还没有准备好被看见。这也解释了我们在梦中为什么总会因为恰好被人看到衣衫不整而感到羞耻。羞耻感在早期是通过想捂住脸或者立刻钻到地底下去的冲动来表达的。但是，我认为这在本质上是针对自己的一种愤怒。感到羞耻的人意欲强迫全世界的人不要看到、不要注意他的表现。他希望弄瞎全世界人的眼睛；或者，他希望自己是隐形的……怀疑是羞耻的兄弟。羞耻感产生于正直感和被暴露的意识；而临床经验让我相信，怀疑与对事物的双面性，特别是'反面'的觉知有很大关系……个体遗留的任何怀疑在未来都会成为他不可抑制的口头怀疑的深层特征。在成人中，怀疑则表现为对反面和阴暗面的与有威胁的神秘迫害者和秘密迫害相关的事物的偏执性的恐惧。"因此，认同意识是原始怀疑的一个新版本，它曾涉及进行训练的成人的可信赖性和儿童自身的可信赖性。到了青春期，这种有自我意识的怀疑才涉及已经被扔到背后的整个童年的可信赖性和可调和性（reconcilability）。现在，获取认同的责任不仅是明确的，而且是独特的。由于这对于周围全知的成人是可见的,所以容易唤起一种痛苦的全面的羞耻感——它有些类似于原始的羞耻(和愤怒),与之不同的是,这种潜在的羞耻将依附于个体的认同,成为暴露在同伴和领导之下的有着公开历史的存在。依据常理,这一切都会被*自我确定性*(self-certainty)压倒。自我确定性源于个体前面的每个危机结束时曾经增长的认同感的累积,其特征是在家庭这一童年认同背景基础上建立的独立感的不断增强。

与第二种冲突相对应的社会现象中存在着指向某种统一性(和偶尔的特殊形式或独特伪装)的普遍趋势。这种趋势使不完全的自我确定性能暂时隐藏在群体的确定性中——而这种趋势正是由徽章以及授衔仪式、受洗和入会仪式中的献祭所提供的。即使是那些希望从根本上与众不同的个体也必然进化出某种与众不同的统一性(例如附庸风雅者、穿阻特装的人①)。这些及其他不明显的统一性都得到了同伴中广泛的*羞耻感*、评价性相互迁就及自由联合的支持——它们只在(即便偶有创造性但也)充满痛苦的孤独状态中留下了一些需要"独自承担的责任"。

表3(Ⅴ,3)中*角色试验*和*消极认同*这两个术语所在的位置显示了它们与(现实、幻想和游戏中的)*主动性*和(俄狄浦斯期

---

① 穿阻特装的人:Zoot-suiters。阻特装是一种男士服装,流行于20世纪20至40年代。其特点是上衣宽而长,裤腰高,裤口窄,颜色非常鲜艳,以一把大钥匙作为必不可少的饰物。黑人"嬉皮士"或洛杉矶一带的美国人多穿阻特装以显示其叛逆。

的）内疚感之间的冲突（表3 Ⅲ，3）的明显联系。当认同危机穿过俄狄浦斯期危机，来到信任危机跟前时，消极认同的选择将仍是主动性的唯一表现形式。它是对内疚感或控制内疚感的唯一方式——雄心壮志——的彻底拒绝。另一方面，在这个阶段，经过训练的角色试验作为一种具有主动性的正常表达方式，相对可以让个体避免内疚感。而这种角色试验遵循着青春期的子社会中不成文的法则。

当社会机制鼓励主动性时就会做出给予引导的承诺，当社会机制安抚内疚感时就会做出提供赎罪机会的承诺。在这些机制中，我们要强调一下*入会仪式*和*洗礼*：在一个虚构的永恒中，它们试图将某种形式的献祭或屈服与对被认可、被限定的行为方式及积极主动的指导结合在一起——在新手最恰当地顺从普遍意义上的友谊和自由选择时，这种结合为他的发展提供保障。该问题所涉及的"自我"（即仪式的严格管理所导致的选择感）仍有待被研究，并应该与已得到深入研究的正式或自发的入会仪式及其相关风俗中的"性"进行融合。

靠近表中间区域的术语已被我们详细讨论过。极端的*工作麻木*（表3 Ⅴ，4）是深刻的基本能力不足感（会退行到基本不信任感）引起的合理结果。当然，这种不足感通常并不意味着个体真的缺少能力，而更可能反映了自我的理想原型提出的不切实际的要求，即只满足于全知或全能。它可能表达了一个事实，即目前的社会环境中并没有能够让个体施展其真正才能的位置；又或者反映了一个荒谬的事实，即个体因在早期学校生活中被诱导进入了一个特殊的早熟状态，而很早就将认同的发展远远抛开。这些原因都可能将个体排除在游戏和工作的试验性竞争之外；而他本应通过竞争学会寻找并保持自己的成就和工作认同。

社会机制通过向仍在学习和尝试某种*延缓状态*的个体提供学徒或门徒身份以支撑其工作认同的强度和独特性。这些身份有明确的责任、被允许的竞争和特定的自由，但也和可预料的职业、社会阶层、行会和公会中的等级体系潜在地结合在一起。

表中对角线与第五行的交接处（表3 Ⅴ，5）也是本文的焦点所在——跨过它，我们就进入了社会心理元素的领域。它不是未来社会心理危机的衍生物，而是其前身。它之后（表3 Ⅴ，6）是*性别认同对性别紊乱——亲密对疏离*最直接的前身。在此节点，文化和阶层中有关性的风俗在社会心理差别（M. Mead，1949）及生殖行为的年龄、类型、普遍性等方面都造成了男性化和女性化的巨大差异。这些差异会掩盖我们前面讨论的一个常见事实，即社会心理层面上的亲密关系在缺乏坚定认同感的情况下是不可能发展的。性别紊乱会将年轻的成人导向两种虚假的发展：由于被特殊的风俗吸引或引诱，他们可能会通过专注于早期没有亲密关系的生殖行为而停止认同的发展；或者，与之相反，他们会专注于社会地位、智力等级等能够淡化生殖因素重要性的事物，从而永远地削弱了和异性进行生殖行为的能力。不同的风俗（Kinsey，Pomeroy，and Martin，1948）有不同的要求，有些风俗要求推迟生殖行为，有些风俗要求让生殖行为尽早成为生命中"自然"的一部分。在某些情况下，特殊的问题会接踵而至，可能会使成年早期真正的异性亲密关系受到极大的损害。

在这里，社会机制为*性心理延缓期的延长*——具体表现为彻底的禁欲、没有社会承诺的生殖行为和没有生殖投入（爱抚）的性游戏——提供了意识形态上的依据。群体或个体的"力比多经济（libido economy）主张"在某种程度上取决于人们从自己偏好的性行为中取得的认同收益。

对表第五行的研究揭示了认同紊乱元素和认同形成元素的某种系统连贯性。这种连贯性对应着某种社会机制。而这种机制（有必要被详细阐释）支持着被归于术语"认同"之中的自我的需求和功能。事实上，在不讨论社会机制的情况下，我们根本不会触及表第五行最后两格中的元素（不论怎么说，它们在临床研究中都是边缘性的内容）。在这里，我们还应当澄清的机制是理想原型的系统——社会用公开或内隐的意识形态将其传递给了年轻的个体。在尝试性的总结中，我们认为*意识形态*为青年提供了如下内容：（1）对未来极度清晰的思考角度。其中包含了所有可预见的时间，并因此削弱了个体的"时间知觉紊乱"；（2）展示自己的机会。这会削弱个体认同意识的表象与行为间的某种统一性；（3）对集体角色和工作试验的动力。这能够削弱压抑感和内疚感；（4）对领导的屈服。这帮助个体通过将领导视为"兄长"，而摆脱亲子关系中的矛盾心理；（5）对流行技术观念的介绍。这也许是对被许可和被控制的竞争的介绍；（6）内心世界中理想原型和负面原型表面上的相似性，以及真实时空中的外部世界及其有组织的目标和危险。这为年轻个体萌芽的认同提供了地理-历史框架。

在总结病理特征时，我意识到，自己已经把一些社会科学领域的现象也"勾勒"了进去。为了证明此举的合理性，我只能做出这样的假设：为了实现某种合理的概括性，在面对有着巨大差异的个体病理特征时，临床工作可能会突然遇到某些机制问题，而这些恰恰已经基本被历史和经济的方法忽视了。然而，在这里，我们必须首先尝试为本领域——尤其是它与社会科学领域重合的部分——的专业术语引入一定的规则。

社会：自我和环境

1

"认同"这个术语包含了许多"自体（self）①"的内容，包含自体概念（self-concept）（George H. Mead，1934）、自体系统（self-system）（Harry S. Sullivan，1946–1947），或席尔德②（1934）、费登（1949）等人所描述的波动的自体经验（self-experiences）等形式。14在精神分析的自我心理学中，当我们讨论所谓*自恋状态下自我的力比多贯注时*，哈特曼（1950）首先对这一广泛领域做出了更清晰的界定，他得出的结论是，这时的自我就是一个被贯注了力比多的自体。他提倡使用"自体表征"这一术语，从而区别于"客体表征"。然而，当弗洛伊德（1914）偶尔提到在不稳定的"自尊"状态下自我"对自体的态度"以及授

---

① self通常会被翻译为自我。但是由于本节是在辨析self和ego，为了能够更清晰地解读作者原意，译者将self译为自体，将ego仍译为自我。在本节之外，根据惯例self仍被译为自我。

② 席尔德（Paul Ferdinand Schilder，1886—1940）：奥地利心理治疗师，师从弗洛伊德，是群体治疗的创始人之一。

予自体波动的力比多贯注时，自体表征的概念较少被系统地预见到。在本文中，我们关注的是自体表征*遗传上的连续性*。这种连续性必须最终成为自我运行的特点。除此以外，没有任何其他力量能够有选择地加强童年的认同，或逐步将自体意象整合进预期的认同中。正因如此，我在最初就将认同称为自我认同。但是在过度自信地选择了一个类似于"自我的理想原型（ego ideal）"的名称后，我不得不面对这样的质询：这两个概念有什么关系？

弗洛伊德认为"超我或自我的理想原型"具有将文化影响力*内化保存的功能*，而超我或自我的理想原型代表了来自环境及传统的控制和禁令。让我们在此处比较弗洛伊德的两段相关阐述："……儿童的超我并非真正建立在父母模型之上，而是建立在父母的超我模型之上。它控制着相同的内容，变成了传统的媒介，变成了所有久远的价值观的媒介——而这些都是以同样的方式一代代传承下来的。你很可能会猜测，在理解人类的社会行为方面（譬如青少年犯罪）和提供关于教育的一些实际暗示方面，超我的认可能够提供多大的帮助……人类从未彻底地活在当下。*超我的意识形态*[15]延续了过去，延续了种族和人民的传统——尽管它们已慢慢屈服于当下的影响和新的发展，但只要进入了超我，就会在人类生活中扮演重要的角色。"（Freud，1932，pp.95-96）此处我们需要强调的是，弗洛伊德提到了"超我的意识形态"，从而赋予了超我概念性的内容，但他也提到它是"媒介（vehicle）"，也就是产生观念的精神系统的一部分。看起来，弗洛伊德通过超我的意识形态指出，超我对有着内部强制性的意识形态中古老、有魔力的部分做出了特殊贡献。

弗洛伊德在另一段陈述中承认了自我理想原型的社会层面："自我理想原型为理解群体心理学打通了一条重要的道路。除了个体的一面，理想原型还具有社会的一面。它也是一个家庭、一个阶层或一个国家的共同理想原型。"（Freud，1914，p.101）

看起来，我们要从"超我"和"自我理想原型"与生物及个体发展进化历史的关系入手，对两者做出区分。"超我"被认为是被彻底内化的古老事物的代表。它代表的是进化的道德准则，是人类发展出古老而坚定的良心的*先天倾向*。为了与（个体发展史上）早期的内摄达成一致，超我保留了"盲目"的道德感所具有的充满固执的报复性和惩罚性的内在力量。然而，"自我的理想原型"似乎更加灵活地与特殊历史时期的理想原型绑定在一起，因此更接近于自我的现实检验功能。

如果我们坚持使用自我认同这个术语，并且在这个水平上讨论问题，那么相较而言，自我认同更加接近*社会现实*，因为它作为自我的一个子系统负责检验、选择和整合源自童年社会心理危机的自体表征。可以说，它的特征是存在于社会现实内的差不多已经真正获得的（*但永远需要修正的*）自体的现实感。而自我理想原型的意象可以说代表着自身为了一直在争取但从未真正获得的理想原型而制定的一系列目标。

然而，如果我们用哈特曼的自体表征来诠释"自体"这个单词，就会引发关于根本性问题的整体讨论。有人会认为，在处理自我对自体的知觉和控制时，明智的做法可能是用"自我"代表主观（subject），用"自体"代表客观（object）。于是，自我作为核心的组织力量在生活中会面对不断变化的自体；而正在变化的自体也要求与被放弃的自体和预期的自体相整合。这个建议也适用于"*身体自我*"。可以说，身体自我是由生物属性提供的部分自体，因此对它更恰当的称呼可能是"*身体自体*"；它也与自我理想原型有关，代表了观点、形象和形态——这些都与"*理想的自体*"形成了持久的对比，它还适用于我所称的"*自我认同*"。于是，所谓的*自体认同*也就从这些经验中浮现出来；而一种短暂的"自体紊乱（self-diffusion）"则通过重新获得的越来越现实的自体定义（self-definition）和社会认可，成功地被包含在这些经验中。因此，我们可以说，*认同的构成既有自体层面，又有自我层面*——从这个意义上来说，它是自我的一部分，并代表了自我在某个领域的整合功能。这个领域就是在连续的童年危机中被传递给儿童的环境和现实情境中的真实社会结构。（其他领域则包括本我以及我们的生物历史和生物结构对自我的要求、超我以及我们更加古老的道德倾向对自我的要求、带有理想化了的父母形象的自我理想原型。）就此而论，在控制青春晚期本我的任务中，为了平衡刚唤起的超我和再次变得极度苛刻的自我理想原型，认同作为青少年自我最重要的支持有权利获得认可。

直到自我与自体的问题被清晰界定，并能得到术语上的判定时，我才会单独使用"认同"一词来表达自我的社会功能。在青春期，这种功能可以使社会心理层面保持相对平衡——这对于青春期的任务来说是必要的。

2

时至今日，"社会心理"这个词已经不得不作为一座紧急的桥梁搭在所谓精神分析的"生物（biological）"构思和一些新构思之间——这些新构思对文化环境进行了更系统性的思考。

所谓精神分析的基本"*生物*"取向已经逐渐变成了一种*伪生物学*，特别是在"环境"概念化（或缺乏概念化）的过程中。在精神分析的文章中，术语"外部世界"或者"环境"之所以常常被用于指代未知的领域，即所谓的外部，可以说是因为没能进入内部——没能进入个体的身体内部，或个体精神系统的内部，或广义上的自体的内部。这样一个模糊但又无处不在的"外部"必然承担了许多意识形态的内涵。事实上，它也承担了许多世界意象的特征："外部世界"有时被构想为现实的同谋（与之共同反对儿童期望的世界），有时被构想为（冷漠或讨厌的）他人存在的事实，还有时可能被构想为（至少具有部分善意的）母亲般的照料。虽然人们如今已经承认"母子关系"具有重大意义,但仍有人顽固地认为母子单元是一种几乎独立于文化环境的"生物性实体"。这导致文化环境再次变成了模糊的支持环境或传递盲目的压力和琐碎的传统的环境——尽管这两个并存的残留概念曾经是不可或缺的,而且硕果累累(它们的重要性在于确认了"说教的、虚伪的社会要求容易压迫成人并剥削儿童"这一事实),但它们逐渐拖累了我们。将个体和社会的活力之源(energy households)的某种内部对抗概念化是非常重要的。然而,这暗含着一个没有意义的结论:个体自我能够在缺少人类特殊"环境"(即社会组织)或与之对抗的情况下存在。而且由于远离了"生物"取向,精神分析理论将孤立于现代生物学的行为学和生态学的丰富发现之外。

正是哈特曼(1939)再次为我们打开了新的思考通路。他认为人类的婴儿天生就有一种适应"一般预期环境(average expectable environment)"的能力。这暗含着一种基于更真实的生物层面和不可避免的社会层面的构想。母子关系,即便不是最理想的,也能对微妙而复杂的"微观环境"负起责任。而此微观环境不仅能让一个人类婴儿存活下来,而且能让他开发出成长潜力和独特性潜力。人类生态系统的各个维度都进行着自然、历史和技术的不断再调整。这使得以下事实显而易见:只有持续的社会新陈代谢和不断(尽管有时是非常难以察觉的)调整的传统才能为每一代婴儿守护一切能够达成"一般预期环境"的事物。在迅速变化的技术已经独领潮流的当今时代，儿童养育、教育过程中（通过科学手段建立并运用灵活方式维持的）"一般预期环境"可持续性的问题事实上已经变成了人类存活的问题。

人类婴儿特殊的预适应性（即按照预定步骤历经制度化的社会心理危机，为成长做好的准备）需要的不是一个单独的基本环境，而是连续的多个环境。当儿童在各阶段蓬勃地进行"适应"时，他有权利在一个已经到达的给定阶段要求下一个"一般预期环境"。换言之，人类的环境必须保有和维持一系列带有些许间断但是在文化和心理上具有连续性的步骤——每个步骤都沿着不断延伸的生活任务的半径向前扩展。这一切使人类所谓的生物适应变成了一个关于在变化的社会历史中发展的生命周期的问题。于是，精神分析面临的社会学任务是，将人类环境定义为年长、成熟的自我为了给年轻的自我提供完整的一系列一般预期环境所做的有组织的持续努力。

3

哈特曼、克里斯和鲁文斯坦（1951）在文章中严肃、认真又有些笼统地回顾了前人在研究文化和人格之间的关系时付出的努力。他们说："在我们关注文化环境时，能够并且应当同时考虑一个问题，即为了实现自我功能，一个缺乏冲突的领域应该引入什么样的机会，或禁止什么样的机会。"然而，在对个体进行精神分析时，他们似乎并不鼓励研究这种对于"文化环境"的反映。他们声明："治疗师也了解文化环境所引起的行为差异。他们并不缺乏关于这些差异的常识，但是当工作取得进展、获取的资料从外围转向中心、显性行为转变为数据且部分数据只能通过分析性调查获得时，他们对善于分析的观察者的影响会降低。"文章冒险地提出，自我发展的核心问题事实上就是"只能通过分析性调查获得"，进而要求心理治疗师对文化差异的认识要远远超过"常识"。三位作者似乎认为在这个特殊的观察领域中常识是充足的，不过他们肯定会在其他领域极力主张对常识进行更多的"分析"。

为了从精神分析的角度切入整个问题，心理治疗师可能很有必要问自己一个问题：驱力、防御、能力和机会是通过什么样的特殊组合把他带进了这个不断扩张的领域。这个领域的某些研究可能澄清了一个事实：关于"精神分析*是什么或不是什么*"这个问题，答案中最激烈、最固执的部分来自另一个更加急迫的问题，即精神分析师作为一个特殊的工作者*必须是（或者必须仍然是，或者必须变成）什么*。因为精神分析的特殊"认同"已经变成了他作为一个人、一个专业人士和一个公民的存在基石。我在此处并不否认，对于一个突然扩张的、不曾被预期的流行领域，我们有必要确定其激励的最初来源及特殊道德性的基础。但是，精神分析在其短暂的历史中已经为各种各样的认同提供了丰富的机会——它将新的功能和机会赋予了不同的尝试，例如自然哲学和《塔木德》的论证、医学传统和布道宣传、文学展示和理论构建、社会改革和养家糊口。精神分析作为一项运动已经庇护了各种各样的世界意象以及乌托邦（它们产生于不同国家、不同历史阶段）。这个结果缘于一个简单的事实，即人类为了能够和他人高效互动，必须不时地从*所处阶段的部分知识中找到一个绝对的取向*。因此弗洛伊德的学生发现他们的认同非常符合弗洛伊德的某些早期观点。这些观点肯定了一种特殊的精神分析的认同感，并传递了鼓舞人心的意识形态；而对弗洛伊德某些暂时的试验性观点的过分反对成了该领域其他工作者的职业认同和科学认同的基础。这样的认同在不允许争辩和改变的意识形态流派以及不可逆的系统化中得到了详细阐述。

在一个直接研究人类急迫需求的领域中谈论科学证据和科学进展，不仅需要说明方法论因素、实践因素和伦理因素，而且需要说明职业认同的必要性——意识形态方面对可供选择的取向的部分整合支持着这种认同。因此，尽管在这个正在发展的领域中，理论教育也必须关注各个阶段中被认为最可行、最真实、最合适的方面之间主要差异的意识形态背景，迟早有一天，精神分析培训一定会围绕受训候选人的各类职业认同的形成展开。

4

对"职业认同（professional identity）"的讨论必然引导我

们跨过正常的认同产物,开始关注它在真正的成人阶段中的衍生物。于是,在集中讨论意识形态的极化(这迎合了青少年自我发展的某个必然的社会过程)之前,我首先将针对成年期展开讨论。

我已经表明了一个超越哈特曼、克里斯和鲁文斯坦的假设:"在我们关注文化环境时,能够并且应当同时[16]考虑一个问题,即为了实现自我功能,一个缺乏冲突的领域应该引入什么样的机会,或禁止什么样的机会。"在社会的有组织的价值观和制度化的活动与自我整合的机制之间存在系统性联系;而且从社会心理的角度看,无论如何,基本的社会过程和文化过程都只能被视为成人自我通过共同的组织在相互支持的社会心理平衡状态下为了尽可能发展和维持一个避免冲突的活力而进行的共同尝试——只有这样的组织才可能为他们发展的每一步提供持续的支持。

我已经用术语*亲密*、*繁衍*和*整合*(表3 Ⅵ,6;Ⅶ,7;Ⅷ,8)描述了成年人自我发展的社会心理收益。它们代表了青春期之后的发展,即将力比多贯注于*亲密约会*,贯注于父母身份或者*其他的"生产"形式*[17],并最终贯注于一生累积而得来的*最统一的经验及价值观*。所有这些发展都有自我的一面,也有社会的一面;事实上,对于它们的对立项孤独、停滞和绝望,个体只能通过恰当参与那些能"在缺乏冲突的领域内为自我功能引入机会"的社会尝试来抑制。因此,老一辈人会需要年轻的一代人,而年轻的一代人则依赖老一辈人。似乎正是在两代人的发展关系中,防御力量、补偿力量和独立创造性所蕴含的某些基本的和普遍的价值观，如爱、信仰、真理、公平、秩序、工作，变成了（或原本就是）个体自我发展和社会过程的共同重要成就。事实上，正如我们的临床历史所揭示的那样，这些价值观为正在成长的一代人提供了自我发展中必不可少的支持，因为它们为父母的行为赋予了某种独特的超越个体的持续性——尽管各种各样的持续性（包括持续的不一致）都会随价值观系统和人格类型而变化。

口头惯例（verbal convention）和*正式制度*（formal institutions）传递和延续了社会的价值观；而依附于它们的内在并发症和特殊的社会异常状态则需要周期性地通过某些特殊的社会过程，如仪式化的再献身或者系统化的重构，来重建"一般预期环境"。被选中的领袖和精英感到了一种召唤：去展示一种令人信服的、"神赐的"普遍繁衍性，也就是对维持和恢复制度的超越个体的关注。这样的领袖在历史记载中被描述为"伟大"，他们似乎能够从最深层的个人冲突中得到能量，而这种能量满足了重新整合流行的世界意象这种特定的时代需求。不管怎样，只有通过持续地再献身，制度才能从年轻个体身上获得积极且鼓舞人心的新能量。从更理论化的角度讲，社会只有在制度化的价值观中与自我发展的主要危机维持有意义的沟通，才能设法在独特群体认同的控制下拥有最大的避免冲突的能量；这些能量是从大多数年轻个体的童年危机中累积而来的。[18]

在将这个一般假设简单地应用于意识形态之前，我必须请读者再看一次表3：Ⅴ，6；Ⅴ，7；Ⅴ，8包含了关于青春期*亲密、繁衍和整合*的前身的全部线索。寻求性别认同（表3 Ⅴ，6）的努力在一开始会使人受到一个问题的折磨，即一个人是哪种类型的男性或女性；而有选择地寻求亲密（表3 Ⅵ，6）则使人面临选择自己未来"父母搭档（co-parent）"的问题。通过形成更牢固的认同，个体作为（一些人的）*追随者*和（另一些人的）*领导者*（表3 Ⅴ，7）的状态愈发清晰，从而使针对年轻同龄人的早期责任感的发展成为可能。尽管这种责任感就其自身而言是一个重要的社会现象，但也是繁衍（针对下一代的责任感）的前身。最后，某种形式的意识形态的极化（表3 Ⅴ，8），即多样性价值观破碎成少数强制性信仰，必然会成为角色互换的一部分——通过它，"完成认同"的个体变成了年轻人认同的形象。而这种极化最终变成了整合问题的关键部分。正如我们在萧伯纳的陈述中看到的那样：他的"成功完全限于"公开的身份"G.B.S."，也就是在生命的舞台上扮演演员而在社会现实中扮演改革者这种倾向的极化。

5

当然，萧伯纳是一个刻意引人注目的人。但是，将上面的萧伯纳式语言延伸一下就是：在伟大的表演中，小丑通常不仅是最好的，也是最真诚的。因此，在这个时候，我们有必要再次回顾一下萧伯纳用来形容他自己的"转变"的话："我被（十九世纪）八十年代早期英国社会主义运动的*复兴*所*吸引*——英国人*极度认真*地投身于这场运动中；他们因殃及*全世界*的*真实*且*根深蒂固的罪恶而满腔怒火*。"句中的斜体字向我传递了一些暗示："吸引"意味着该意识形态有着不可抗拒的力量；"复兴"意味着它包括了一种正在恢复活力的传统力量；"极度认真"意味着它甚至能让愤世嫉俗的人真诚地投入；"满腔怒火"意味着它将正义的惩罚赋予了批判的需求；"真实"意味着它将个体内心模糊的罪恶感归因于现实中受到的残酷约束；"根深蒂固"意味着它许诺人们参与社会基础的重建工作；"全世界"意味着它为一个完全确定的世界意象提供了结构。也就是说，群体认同正是通过上述元素，在意识形态的帮助下控制了年轻个体积极进取的歧视性的能量。它一旦得到实现，就包含了个体的认同。因此，认同和意识形态是同一个过程的两个方面，二者都为个体的进一步成熟提供了必要的条件，也为下一个更高形式的认同，即*团结一致*的共同认同提供了必要的条件。将非理性的自怨自艾和批判捆绑在一起的需求有时会使年轻人变得充满强迫性且极端保守——即便是在他们看上去最为混乱和激进的时候。这一需求也使他们发生了潜在的"意识形态化"——几乎公开地寻找被萧伯纳所说的"在简单易懂的理论指导下对生活清晰的理解"聚合在一起的世界意象。

　　作为费边主义者，萧伯纳似乎有充足的正当理由用术语描述一个显而易见的、充满智慧光芒的意识形态。通俗地讲，意识形态系统是共享的意象、观念和理想原型的统一体。不论它是否基于成形的教义、内隐的人生哲学、高度结构化的世界意象、政治纲领或"生活方式"，都为参与者提供了一个在时间和空间、方法和结果上一致的整体取向——尽管它有时被系统地简化过。

"意识形态"这个词本身带有一点儿负面色彩。一种意识形态从其本质上来讲，会反对其他的意识形态，认为它们是"不合逻辑的"、言不由衷的。批评意识形态的人认为它具有说服力的简化形式是系统性的集体虚伪。真实的情况是，普通的成年人以及普通的社会群体，如果没有剧烈地被卷入某种意识形态的极化中，则倾向于在生活中将意识形态限制在某个小区域中——在那里，意识形态仍然能够得心应手地应付周期性的仪式和理智化的解释，但不会对其他方面造成任何过分的伤害。事实上，意识形态是对于简化即将发生之事的构思（因此能对即将发生的事情进行理智的解释）。尽管如此，在个体发展的某些阶段以及某些历史时期，意识形态的极化、冲突和承诺都对应着一种不可避免的内在需求。青年对这些需求的拒绝或接受都建立在意识形态的备选项上。而这些备选项必然都与现存的一系列认同所产生的备选项相关。

意识形态似乎为群体最古老和最新鲜的理想原型有意义地组合提供了机会，因此将青年强大的热情、真诚的禁欲主义和急切的愤怒导向了社会的前沿领域，即保守主义和激进主义最活跃的地带。在这里，狂热的意识形态专家做最忙碌的工作，精神病态的领导者做脏活累活，但也有真正的领袖创造至关重要的团结氛围。为了能在希望中的未来获得奖赏，所有的意识形态都要毫不妥协地献身于某些有着绝对等级结构的价值观和有着严格准则的行为——如果传统在未来能够延续，那些准则就完全秉承了传统；如果未来是另一个世界，那些准则也会完全顺从于它；如果未来为某些军事超人保留了位置，那些准则就会完全军事化；如果未来的世界被知觉为最先进的天堂，那些准则会进行彻底的内部改革；又或者，如果持续的生产似乎能将现在与将来连接在一起，（在只提到我们时代的意识形态的一个组成部分时）那些准则就会完全务实地陷入生产过程和人类团队工作的过程中。在某些意识形态的极权主义和独占性中，超我容易从认同中重新获得它的领地。如果已建立的认同已变得陈腐，或者如果未完成的认同仍维持不完整状态，特殊的危机就会迫使人们走向圣战——用最残忍的手段反对那些看上去质疑或威胁他们不安全的意识形态基础的人们。

我们需要简单地思考一个事实：当今技术和经济的发展侵蚀了所有产生于农业、封建、贵族或商业意识形态中的传统群体认同和群体支持。正如许多作者展示的，这种全面的发展似乎导致了生产（和破坏）手段上的宇宙整体感、上帝安排感和神圣惩罚感的丧失。这似乎使世界上大部分地区的人们易于获得一种对极权主义世界观的迷恋。如今，科技的集权化能将极权主义国家机器的坚实权力赋予狂热的意识形态小团体。（Erikson，1953）

　　精神分析为理解这些发展做了一些贡献，特别是当这些发展反映了依附于人类童年共同事实的普遍的焦虑、依赖和脆弱性时。精神分析也帮助人们理解了另一个事实：即便是在文明生物中，朴素的原始家长式超我也要对地球上的超级警察首领抱有非理性的信任，因为覆盖早期世界意象的神圣约束似乎已经无法令人信服。然而，我们只有等到自我与工作技术，与技术"环境"，与流行的劳动分工之间形成更好的关系，才能用精神分析的工具来解决以下问题：当人类改变了环境的广度时，他如何改变自己的深度？技术和意识形态的改变影响了谁（以及他如何被影响，这种影响有多深）？（Erikson，1953）

6

　　最近在耶路撒冷的一场研讨会[19]上，我与以色列的学者和临床医生一起探讨了"以色列"的认同是什么，并因此做出了一种极端的现代意识形态取向的设想。一直以来，以色列令其朋友和敌人都感到神魂颠倒。历史上许多来自欧洲的意识形态碎片已经进入了这个小国的意识之中，因此，曾困扰美国一个半世纪的若干认同问题也将在一段时间内困扰着以色列。一个新的国家建立在一个遥远的（似乎不"属于"任何人的）海岸边，由许多国家中受压迫的少数族群组成。基于自由主义者、禁欲主义和弥赛亚等被输入的理想原型，这些人形成了新的认同。对以色列各方面最紧迫问题的任何讨论都迟早会导向另一个问题，即犹太复国运动先驱完成的非凡成就和提出的特别的意识形态——这个少数族群发动了基布兹运动①。欧洲的意识形态专家在某种程度上假定：巴勒斯坦的特殊情况造成了其*历史的延缓期*，因此为犹太复国运动的意识形态建立了一个重要的*乌托邦式的桥头堡*。犹太人在他们的"家乡"，耕耘着真正的家乡土地，并"收获"，终于战胜了永久的漂泊、经商和纯理智化等负面认同（Erikson，1950a），在肉体、精神和国家层面再次变得完整。尽管基布兹教育系统的一切细节（例如从一开始在儿童房内的儿童抚养行为，到上学期间男孩女孩的住宿安排）都受到了严格的监督，但是没人能否认基布兹运动已经创造了一种勇敢、负责和热情的个体类型。然而，事实是，以色列建立在一个被包围的领地上。这一历史事实为判断以之为背景形成的生活方式提供了理论基础和理性解释的框架。毫无疑问，以色列先驱（相对于移民，即利用这片未被开发的大陆所提供的历史延缓期建立新"生活方式"的人们而言的）带着历史的理想原型，建立了一个新的国家。这个国家在很

---

① 基布兹在希伯来语中是"团体"的意思。以色列政府规定：基布兹是一个供人定居的组织。它是以集体所有制为基础，将成员组织起来的集体社会。它主张在生产、消费和教育等一切领域实现平等与合作。

短的时间内迅速成长起来。然而,对于该国的历史研究者来说,有一个并不陌生的问题,即改革精英与那些需要靠已有的土地和收益生存的后来者之间的关系[20]。在以色列,目前仍然略微有些排外的基布兹精英不得不面对的问题是,占人口绝对多数的群体代表着一种难以被吸收的混合意识形态。这些群体包括大量的非洲和东方移民、强大具有组织的劳动者、大城市的居民、正统宗教信徒、新的国家官僚,当然还有"美好而古老"的商业阶层。此外,基布兹运动中更加不妥协的那部分人还将自己成功地置于两个世界——美英犹太人社区和苏联共产主义之间。犹太复国主义稳固地维持着这两个世界间的历史联结:美英犹太人社区帮助基布兹从阿拉伯地主手中买了很多土地,而(我们或许可以说)地方自治的基布兹运动[21]在意识形态上与苏联共产主义更接近,但后者将其当作一种异端拒绝承认。

因此,基布兹运动是现代的意识形态乌托邦的一个例子。它令自认为是一个"民族(people)"的那些青年人的未知能量得以释放,并开创了一个几乎公开的、有着普遍意义的群体的理想原型——尽管在工业世界中历史命运难以预测。然而,毫无疑问,在现有的这些"农民"或工人都不参与讨论具有深远意义的日常决策的国家中,以色列是最具意识形态意识(ideology-conscious)的一个。要更好地理解意识形态对认同形成的微妙意义,我们需要对比高度言语化的意识形态与那些皈依和背离的短暂系统(它们存在于一切社会中)。因为童年和成年之间的那个尚不确定的中间状态——那个多少带点儿嘲笑意味的青春期——是一个年轻人或者一个年轻群体的生命中最有意义的一部分。在这个阶段，他们通常没有关于成年人的知识，或者事实上也缺乏对成年人的好奇心。实际上，是品位、意见和口号占据了年轻人争论的舞台，让他们冲动地突然做出破坏性行为。而我们也必须假设：自发的品位、意见和口号的极化现象是认同形成中尚未被解决的问题，仍然有待于被某些意识形态结合起来。

7

在病理描绘这一节中，我已经指出了个体完全*选择消极*认同的情况。个体的这种逃避建立在自闭倾向和退行倾向的基础上。

许多有天赋，却不稳定的年轻个体会逃进一个私人的乌托邦世界，或者某个病人所说的"一人即多数（majority of one）"的状态。但是，他们无须这样，除非他们感到无法顺从于普遍的发展，即不断增长的对标准化、统一化和守规性的需求——而这是我们现阶段个人主义文明的特征。美国对守规性的大规模需求并没有发展成公开的极权主义意识形态。相反，它将国家和教堂的绝对教义以及刻板的类商业行为联系在了一起，并在总体上避开了政治的意识形态。在对它进行研究时，我们很欣赏青年的能力——他们能够用简单的信任、嬉戏般的不和谐、技术的精湛、"其他思想领域"的团结（"other-minded" solidarity）（Riesman，1950）以及对意识形态公开化的厌恶来控制工业民主下的认同紊乱。一个具有决定意义的问题是，美国青年真正内隐的意识形态是什么。不过我们这个类型的文章无法轻易碰触这个问题，也不敢于顺带评价可能发生在这种意识形态中的变化。这种意识形态是世界性奋斗的结果，它使军人的认同成了美国人成年早期的一个必要的部分。

描述一个满怀恶意的人转向*消极群体认同*是容易的。这些消极认同流行在一些年轻人中间，特别是来自大城市的年轻人。大城市是经济、道德和宗教的边缘地带，只为积极认同提供了贫瘠的基础。在那里，消极群体认同存在于各种自发形成的小团体中：从社区帮派、爵士青年到毒品圈、同性恋圈、犯罪团伙。在解决这些团体的问题时，人们期待临床经验能做出关键性贡献。[22]但是，我们应警告自己，避免不加判断地将临床术语、态度和方法移植到这些公共问题上。我们可能需要回到之前指出的一点：教师、法官和精神病医生等与青年打交道的人成了"认可"这种策略性行为的关键代表。通过认可，社会"认同"了它的年轻成员并因此促成了他们正在发展的认同。如果社会为了简化，或者为了给内生的法律或精神病学的习惯提供应用之所，而将一个因个人原因或社会边缘化几乎选择消极认同的年轻人当作罪犯、不适应宪法的人、注定被抚养者抛弃的人，或将其定义为一个精神错乱的病人，那么，这个年轻人很可能会尽全力变成社会期望他真正变成的那种淡漠而可怕的样子——彻底地达成它。

　　长远地看，我们期望认同理论能够对这个问题做出更多的贡献，而不只是发出警告。

总结

在尝试界定认同问题的过程中，我"把所有问题都摊开了"。我不打算将这个问题留下来——只要有可能，我们对所选择媒介（生活历史、案例史、梦境、意识形态）的特殊动力本质的研究就会继续。（Erikson，1958a）同时，总的来说，认同，在童年期结束后，会胜过幼稚的超我潜在的恶性支配，允许个体放弃过度的自我否定和对其他事物的扩散性否定。这为自我力量对成熟的性欲、才能和承诺的整合提供了必要的条件。年轻病人的成长史说明了认同危机产生的方式——特殊的遗传因素和特别的动力环境可能会加剧认同危机。这些研究反过来提供了新的线索，帮助我们或多或少了解了制度化的仪式、风俗、团体以及运动。通过这些，社会和亚社会承认了介于童年和成年之间的社会心理延缓期。通过这个延缓期，极端的*主观经验*、*意识形态*的替代物和*现实承诺*的可能性都能够变成社会游戏和联合控制的对象。

附录：工作表

这张工作表总结了本书所讨论的发展领域和发展阶段。它经历了变化和扩充，在未来仍将继续变化、扩充。有人认为，表格的行和列已经给出了必要的结构，无论什么样的要素都可以（也必须）通过学习和讨论添加进去，本表没有等级顺序，大家可以根据已有的充足资料选择任意列入手，再继续向下一列推进。

	A 社会心理危机	B 重要关系的范围	C 社会秩序相关因素	D 社会心理模式	E 性心理阶段
I	信任 对 不信任	扮演母亲角色的人	宇宙秩序	得到 作为回报的给予	口腔呼吸 感官运动知觉（合并性模式）
II	自主 对 羞耻、怀疑	扮演父母角色的人	"法律和秩序"	坚持 放手	肛门—尿道 肌肉（保持/排出）
III	主动 对 内疚	基本家庭	理想原型	做（=追逐） 模仿（=游戏）	婴儿—生殖器 驱力（侵入、包容）
IV	勤奋 对 自卑	"邻里" 学校	技术因素	制造东西 （完成） 整合事物	"潜伏"
V	认同，拒绝 对 认同紊乱	同伴群体和 外群体领导榜样	意识形态观念	成为自己 （没成为自己） 加入团体，分担成为 自己的责任	发育期
VI	亲密、相互支持 对 疏离	在友谊、性、 竞争、合作中 的同伴	合作和竞争的模式	在伴侣那里失去自己和 寻找自己	生殖性
VII	繁衍 对 专注自我	分工不同的劳动者和 共同分担责任的家人	教育和传统的趋势	创造 照顾	
VIII	整合 对 绝望	"人类" "我自己的"	智慧	用过往表达在存任感 面对不整合	

注　释

自我发展与历史变迁

1. 一名拥有出色的历史取向的心理治疗师在1944年就说过："大群体中的每一个人既有个体性，又有非个体性。他作为群体的一分子所服从的许多心理规则不同于他独自在家工作时服从的那些规则。"（Zilboorg，1944，p.6）

如果我们以地理上完全独处（或一直在家）的个体形象为代表，那么，在那一刻支配他独处的心理规则是否真的不同于指导他融入"群体"的规则是值得怀疑的。因此，我们或许应该说：处境不同（随之而来的是意识和机动性的阈限不同），则沟通的有效途径以及表达和行为的有效技巧也不同。个体在心理上都曾经是孤独的。"孤独"的个体必然比群体中的自己"更好"。在暂时独处情境下的个体已摆脱了任何阶层的社会行为（或变得不活跃），不再是一个政治动物——只有在做进一步的分析后，我们才能接受这些原型及类似原型。

2. 在费尼切尔（1945）关于神经症理论的全卷文集中，社会原型仅在心理发展一章的末尾被提到，而且是以否定的形式："无论是对'理想模型'的信任还是某种程度的'社会恐惧'，都不必然是病态的。"而关于超我在社会中的起源问题，直到人格障碍一章才得到讨论。

3. 本文与《两个美国印第安部落的童年与传统》（Erikson，1945）是连续发表的两篇文章，只在导语部分与之有交叉。

4. 正如作者在别处（Erikson，1945）详细介绍的那样，这样一个集体固着点是完全天然自治的文化中一个有意义的部分。

5. 这对于"坏"国家的"再教育"有某些必然的影响。可以预期的是，一个既不允许作恶也不承诺为善的国家可以实现"民主化"，除非它提供的新认同不能够与之前以国家地理-历史背景经验和个体童年期经验为基础的概念——强健与柔弱、阳刚与阴柔——相整合。只有证明超越国家的目标具有历史必然性，并且知道如何基于它们建立地区认同，胜利者才能在已有的国家中创造新人类。

6. 在一篇优秀的文献中，布鲁诺·贝特尔海姆（1943）描述了他早年在德国集中营的经历。他报告了各种各样的步骤和外部表现（例如姿态和服饰上的造作）。通过这些，犯人们放弃了反法西斯的认同，转而支持施虐者的认同。他通过审慎而坚持不懈地抓住犹太人的历史认同，即精神和智力对优秀的体格具有压倒性的优势，从而保护了自己的生命和心智。他将施虐者视作一个无声研究项目的被试，并最终将研究结果传递给了自由世界。

7. 在病人的正面原型和负面原型中，我们切身体会到了荣格建立遗传原型理论的临床事实。谈到该理论，我们应顺带指出，精神分析史上第一次概念之争在学科初期就聚焦于认同问题了。荣格似乎仅通过对比自己祖先神秘的时空情境与弗洛伊德祖先给他的感受，就从精神分析的工作中找到了认同的感觉。因此，他在科学上的反抗导致了意识形态上的倒退和（无力否认的）政治上的保守。这种现象——像前后的类似现象一样——在精神分析运动的回应中也有其群体心理的相应部分：精神分析的观察者似乎害怕危及以共同的科学收益为基础的共同的群体认同；因此不仅选择忽视荣格的观点，而且忽视自己观察到的事实。

"阿尼玛"和"阿尼姆斯"（我似乎在女病人挺立的形象中发现了它）等概念下的某些现象在自我发展中扮演了主要角色。自我的整合功能不断将婴儿期所有认同的碎片和未处理部分归入越来越少的形象和拟人化完形中。在做这些时，自我不仅需要用到已有的历史原型，还要采用压缩和形象化等方法——这已经成了集体形象的特征。在荣格的"人格面具（persona）"中，我们看到一个虚弱的自我投向了强大的社会原型——一个虚假的自我认同建立了。它压制而非整合了那些危及"表面形象"的经验和功能。例如，占主导的阳刚原型强迫个体驱除自我认同中所有弱势性别及被阉割者的负面形象。这使许多可接受的母性能力被掩盖了，未能得到发展，并充满愧疚。最后，个体只留下了一个男性化的空壳。

8. 根据戈顿·麦克格雷格的一封来信，松树林保留地的苏族混血儿称纯种苏族人为"黑人"，被纯种苏族人称作"白垃圾"。

9. 我们需要注意的例外是高度机械化的部门内的团队成员和有光明前景的人。当战争激发了个体更有野心的原型，但此原型不能被受约束的和平时期的认同所支撑时，在军事机构中自我认同茁壮成长的个体就可能会在退役后崩溃。

10. 这个基本规划在弗洛伊德的《文明的性道德与现代人的神经症》（1908）以及他对同时代的文化和社会经济方面的惯常引用中已经建立了。这在他为了阐释自己的新科学而发表的个人生活例证中有所体现。

健康人格的成长与危机

1. 见《童年与社会》（1950a）第一章。

2. 我所参与的加州大学儿童福利研究所的纵向研究（见 Macfarlane，1938；Erikson，1951b）教导我应该对儿童富有的弹性和智慧致以最大的敬意。在发展的经济和慷慨的社会团体的支持下，那些儿童学会了补偿极其严重的早期不幸——而从临床历史看，这些不幸已经足够用来解释功能障碍。这次研究给予了我一次机会，去记录大约五十个（健康）儿童十年的生活史，并且还了解了部分儿童十年之后的命运。然而，只有认同概念的发展

（见本书第三章）才帮助我真正理解了它所涉及的机制。我希望能公开我的想法。

3. 接受过儿童发展训练的读者可能会特别注意到一个事实，即有人认为某一阶段就是指某种能力首次出现（或以可测量方式出现）的时间，或者是指能力已经很好地建立并被整合（也就是我们说的已经变成自我可用的一个部分）以至于在发展的下一步能够被安全地启动的时期。

4. 对呈现在此处的理论概述最主要的一种误用是认为信任感（以及所有其他被假定的积极感觉）是一种成就，在指定的阶段可以一劳永逸地获得。事实上，一些作者非常热衷于依据这些阶段制作成就量表，以至于轻率地剔除了所有消极感觉（如不信任感等）——而这些消极感觉在生命中始终都是积极感觉动态的对应物。［例如在1958年内布拉斯加州奥马哈市的全美教师和家长代表大会上分发的"成熟图（maturation chart）" 就省略了对危机的引用；否则该图就能"适合"本书呈现的各阶段。］

在特定阶段，儿童获得的是积极感觉和消极感觉（根据一定比例）的混合物。如果重心朝积极感觉倾斜，将会帮助儿童在不损害整体发展的情况下迎接稍后的危机。有人认为，在任何阶段，良好的感觉都能在不受内在新冲突干扰、不经历任何变化的情况下获得——这种观念是成功学的意识形态在儿童发展方面的投射。这种意识形态非常危险地流行于私人和公众的白日幻想中，使我们在这个时代为有意义地存在而进行更多奋斗时显得笨拙无能。

只有依据人类的内在分配和社会矛盾，存在于个体的基本智慧和创造性内的信仰才是合理而富有成效的。

5. 在开放的西部，一间牛仔酒吧的墙上写着一句谚语："我不是我应该成为的样子，我不是我将会成为的样子，我不是我曾经的样子。"

6. 这一点对"亲子关系"这个词而言同样成立。它是一个太过具体的术语，在本文的引用中，常常被用作似乎更模糊的词语"繁衍"的替代词。然而，在这些最初的构想中，繁衍与工作生产力的关系被低估了。

自我认同的问题

1. 分别指1953年5月在波士顿举办的贝克法官儿童辅导中心成立35周年庆典，以及1953年在纽约举行的美国精神分析学会仲冬会议。

2. 德文原文是"…*die klare Bewusstheit der inneren Identität*"（Freud，1926）。

3. 斜体字是我加入的。

4. 指加州大学儿童福利研究所开展的儿童辅导研究。

5. 威廉·詹姆斯（1896）谈到了放弃"过去的备选的自我"，甚至是"被谋杀的自体"。

6. 要了解新方法可以看安娜·弗洛伊德和索菲亚·丹恩（1951）

关于流浪儿童的报告。

7. 最初我们用的词是"identity diffusion[①]"。但这个术语被一再指出并不贴切。在世界卫生组织的一个研究小组的一次会议上，J.赫胥黎建议用"dispersion"代替该词。事实上，术语"diffusion"最常见的意思是元素在空间中从中心向四周扩散。在文化中，diffusion则是指技术项目、艺术形式或观念等通过迁移、旅游或贸易从一种文化向另一种——常常是差异巨大的——文化传播。在这个层面上，该词并没有杂乱、混乱的意思，也不意味着离散。但是，identity diffusion暗示着自我形象的分裂、向心性的丧失、离散感和混乱感以及对解体的恐惧。它应当继续从根本上指出症状方面尖锐的混乱状态。

8. 见G. H.米德（1934）作品的第八章（地位与角色）和第十一章（社会阶层）。了解精神分析关于角色和地位的最新研究，请看阿克曼（1951）的书。

9. Wholeness[②]意味着各部分，甚至是非常多元化的各部分的集合——它们成了硕果累累的协会和组织的组成部分。这个概念非常醒目地表达在诸如wholeheartedness、wholemindedness、wholesomeness之类的术语中。作为心理上的完形状态，wholeness

---

① 这段是在辨析diffusion、confusion和dispersion的英文差异。为了避免翻译产生的困惑和不协调，我们对单词不做翻译。

② 这段是在辨析wholeness和totality的英文差异。为了避免翻译产生的困惑和不协调，我们对相关单词不做翻译。

强调多元化的功能和各部分之间相互促进关系。与之相反，totality 则唤醒了一种完形状态。这种状态强调一种绝对的边界——假定存在某种主观的界定——任何不属于内部的事物都必须被留在外部；任何必须在外部的事物都不应当被内部容忍。Totality 必须既是绝对包容的，又是绝对排他的。为此，词典中会使用"utter"一词。它传递了力量的元素，这一点的重要性甚至超越了以下问题：最初进行的绝对分类是否符合逻辑？各组成部分是否真的对彼此有一种渴望？

在个体心理学和群体心理学中，有一种周期性的情形，即在缺乏更好的选择或备选项的情况下追求完全的形态（totality）——即便这意味着要放弃个体非常渴望的完整状态（wholeness）。一言以蔽之，当人类对必需的完整感到绝望时，他会逃进完全主义中来重构自己和世界。

精神分析揭示了人类在完全重组无意识方面具有的倾向和潜力是多么强大和系统性，以至于几乎不能将之隐藏在片面的偏好和信念之后；另一方面，也揭示了内在防御为了反抗具有威胁的完全的重新定位使用了多少能量。在这种重新定位中，黑可能会变成白，反之亦然。只有在突然的转变中释放的情绪反应才能证明这种能量的多少。（Erikson，1953）

10. 我对该领域的新见解应归功于罗伯特·奈特（1953）和玛格丽特·布伦南（1952）。

11. 戴维·拉伯波特（1953）对自我心理学中"积极和消极"

问题的探讨为这些危机中自我的角色点亮了新的光芒。

12. 这个案例很好地说明了给予病人的解释中应该有的平衡，性的象征（在此处指阉割）和自我威胁的象征（在此处指自主性被剥夺的危险）之间的平衡。治疗师如果过度强调性的象征，只会使病人身处险境的感觉更加强烈。此时，更急迫的是与病人就自我威胁进行沟通。这样更容易直接获益，并且可以为讨论"性"的意义提供一个安全环境。

13. 参见皮尔斯和辛格（1953）的著作。

14. 我还没能在所谓的"新弗洛伊德主义者"的作品和我尝试阐述的观念间建立起系统的统一性和差异性。然而，大家可以看到，在谈论个体和群体时，我更愿意讲"认同感"，而不是"特征结构"或"基本特征"。对于国家也是如此——我的概念引导我更加关注会增强或危害国家认同感的环境和经验，而非静态的国家特征。关于这个主题的介绍可以在《童年与社会》中找到。在这里，重要的是记住每一种认同都培育了它自己的一种自由感——这就是为什么人们几乎不能理解是什么使其他人感到自由。极权主义在宣传时对这一点进行了充分的利用；但西方世界没有充分重视它。

15. 斜体字是我加入的。

16. 斜体字是我加入的。

17. 弗洛伊德的"厄玛梦境"显示了对自己的孩子、病人和萌芽的思想的关注。（Erikson，1954）我在对这个梦做的社会心理分析中指出，当梦代表了性心理的退行，即向力比多发展的某个婴儿阶段退行时，它也可以被看作对社会心理发展步骤的追溯。（可能因为他人格强大的内在结构，也可能因为他对梦中内容学究式的兴趣）弗洛伊德的梦被证明对未曾明确构思过的问题，例如社会心理主题和性心理主题的相似性问题，一直有启发作用。正如我在自己的文章中指出的，在厄玛梦境中，我们可以看出阴茎侵入的主题与主动性主题的密切关联。类似的，弗洛伊德关于命运三女神的梦清晰地指出了口腔合并与信任问题的密切关系；而关于图恩伯爵的梦则充分地突出了自主性主题和肛门排放模式。一篇比较这三个梦境的文章正在准备中。

18. 在这篇文章中，我探讨的范围无法超出认同与意识形态过程之间可能的关系（见Erikson，1958a），因此只能顺带列出个体的社会心理发展阶段和社会组织的主要趋势之间可能存在的关联性。正如我在《健康人格的成长与危机》中指出的，自主（与羞耻和怀疑）问题与在法律和正义的基本原则中对个体权利和局限的界定有内在联系；而主动性（与内疚）问题与在生产中占统治地位的群体精神的激励和局限有内在联系。技艺感的问题则为在生产中占主导地位的技术和典型的劳动分工做好了关键性准备。

19. 会议由希伯来大学的S. 艾森施塔特教授和C. 弗兰肯斯坦教授组织。这里提到的最初印象来源于我自己。

20. 我们可以暂时这样说：从历史转变中浮现出来的精英们集合成了一个又一个群体。而这些产生于最深刻的共同认同危机中的群体正设法创造一种新的方式来应对社会中突出的危险处境。

21. 这也就是局限于独立社区内的共产主义制度。但是，就其与国家经济的关系而言，它仍然代表了一种资本主义的合作方式。

22. 例如，我们可能会问，不良青少年选择违法行为作为生活的方式或目标能够获得什么样的内在无意识的收益。可能的情况是，他的沉默、挑衅式的扬扬得意，以及对悔恨的完全拒绝，都是为了掩盖和削弱危险的认同紊乱带来的焦虑。反过来，当我们不断地捶打他，为他提供一个以悔恨为代价——一个他承担不起的代价——的"机会"时，我们是否正把他置于这个非常危险的情境中？看一眼认同紊乱的构成（表3 Ⅲ，5），我们将会有以下的思考：

青少年的犯罪行为将一些年轻的个体从时间知觉紊乱中拯救了出来。在陈犯罪犯事实的过程中，任何带着需求和不确定性的面向未来的思考都被占主导地位的短期目标需求——"接近某人"的需求、"马上做事"的需求和"马上去某个地方"的需求——否决了。当然，这也构成了简化的社会形态，同时还伴随着幼稚化的冲动的生活方式。

认同意识也逃脱了；或者说，至少被深深地隐藏了起来——隐藏在不良青少年对罪犯角色特别的认同中。这让他戴上了一副难以被研究者和法官理解的假面。这副假面拒绝任何情感反应，阻止了羞耻感和内疚感的出现。

工作麻木，一种因为无法掌握资源以及无法应对合作情境而产生的痛苦的无力感，也被不良行为分散了。在任何文化中，工作控制（work mastery）都是认同形成的支柱。在青少年罪犯（通常都来自会否认工作意义的群体）中，反而出现了一种虽然有悖常情却深刻的满足感——满足于以破坏性的方式"做一项工作"。对这种行为的法律分类可能会永远地将年轻个体封闭在罪犯的消极认同中。反过来，也使个体卸下了继续寻求"好"认同的需求。（Erikson and Erikson，1957）

另外，青少年犯罪行为也将很多个体从性别紊乱中解救了出来。男性不良青少年对性虐待角色的夸张，以及女性不良青少年随意、无爱的滥交，都为逃避性自卑或承诺真正的亲密关系提供了机会。

另外，我们必须强调一种具有这个时代的鲜明特色的发展，即机械提供的移动。首先，我们的时代有一种所谓的移动主义中毒现象——我们将自己想象成一个有无限动力的驾驶者，从而获得快乐；然而实际上是被比人类躯体更强、更快的动力推着动。

第二种中毒［由于免下车服务（drive-in）已经很方便地与第一种中毒联系在了一起］是强大的移动场景所导致的被动中毒——在这些场景中，持续的移动能在经验中被观察到，而且可以说是身体"驱动引擎飞速运转了起来"。既然青春期是一个运动需求极强的时期，既然青春期的周游式（和脑力的）探索必然接管许多性紧张；那么，造成某些特定不良行为，如盗用汽车、肢体暴力，以及对某种过当的舞蹈形式的普遍沉迷的主要因素很可能是机械发明提供的增长的被动刺激和减少的追求剧烈活动的机会之间的不平衡。

关于权威紊乱，我们清楚的是：有组织的青少年犯罪明确地将年轻个体与有着明确领导等级关系的内群成员平等地联结在了一起，并且明确地划定了外部群体——其他帮派或自己帮派外的所有世界。类似的，帮派的精神保护着内群成员，使其远离理想原型紊乱的感觉。

我带着从对青少年精神病性心理失调现象的观察中获得的概念，来探讨青少年犯罪问题。通过将青少年犯罪的参与者与精神分裂症隔离者并置（就如同弗洛伊德在研究对某种冲动的表达和抑制时将性变态和神经症并置一样），我们对青年的驱动力可能会有更多了解。（Erikson，1956）

参考文献

Ackerman, N.M.(1951), "Social Role" and Total Personality. *Am.J.Ortopsychiat.*, 21: 1–17

Batman, J.F., and Dunham, H.W.(1948), The State Mental Hospital as a Specialized Community Experience. *Am.J.Psychiat.*, 105: 445–449

Benedict, R.(1938), Continuities and Discontinuities in Cultural conditioning. *Psychiatry*, 1: 161–167

Bettelheim, B.(1943), Individual and Mass Behavior in Extreme Situations. *J.Abn.Soc.Psychol.*, 38: 417–452

Biring, E.(1953), The Mechanism of Depression. In *Affective Disorders*, P.Greenacre, ed. New York: International Universities Press, pp.13–48

Blos, P.(1953), The Contribution of Psychoanalysis to the Treatment of Adolescent. In *Psychoanalysis and Social Work*, M. Heiman, ed. New York: International Universities Press.

Brenman, M.(1952), On Teasing and Being Teased: And the

Problem of "Moral Masochism." *The Psychoanalytic Study of the Child*, 7: 264-285. New York: International Universities Press.Also in *Psychoanalytic Psychiatry and Psychology: Clinical and Theoretical Papers*, Austen Riggs Center, Vol. I , R.P.Knight and C.R.Friedman, eds. New York: International Universities Press, 1954, pp.29-51.

Burlingham, D.(1952), *Twins*. New York: International Universities Press.

Erikson, E.H.(1937), Configuration in Play-Clinical Notes. *Psa. Quart.*, 6: 139-214.

——(1940a), Problems of Infancy and Early Childhood, In *Cyclopedia of Medicine*.Philadelphia: Davis & Co., pp.714-730.Also in *Outline of Abnormal Psychology*, G.Murphy and A.Bachrach, eds.New York: Modern Library, 1954, pp.3-36.

——(1940b), On Submarine Psychology.Written for the Committee on National Morale for Coordinator of Information. Unpublished ms.

——(1942), Hitler's Imagery and German Youth. *Psychiatry*, 5: 475-493.

——(1945), Childhood and Tradition in Two American Indian Tribes.T*he Psychoanalytic Study of the Child*, 1: 319-350. New York: International Universities Press.Also (revised) in *Personality in Nature, Society and Culture*, C:Kluckhohn and H.Murray, eds.New York:

Knopf, 1948, pp.176-203.

——(1946), Ego Development and Historical Change-Clinical Notes. *The Psychoanalytic Study of the Child*, 2: 359-396. New York: International Universities Press.

——(1950a), *Childhood and Society*. New York: Norton.Revised, 1963.

——(1950b), Growth and Crises of the "Healthy Personality." In *symposium on the Healthy Personality*, Supplement II; Problems of Infancy and Childhood, Transactions of Fourth Conference, March, 1950, M.J.E.Senn, ed.New York: Josia Macy, Jr.Foundation.Also in *Personality in Nature, Society, and Culture*, 2nd ed., C.Kluckhohn and H.Murray, eds.New York: Knopf, 1953, pp.185-225.

——(1951a), On the Sense of Inner Identity.In *Health and Human Relations*; Report on a conference on Health and Human Relations Held at Hiddesen near Detmold, Germany, August 2-7, 1951. Sponsored by the Josiah Macy, Jr. Foundation.New York: Blakiston, 1953.Also in *Psychoanalytic Psychiatry and Psychology: Clinical and Theoretical Papers*, Austen Riggs Center, Vol.I, R.P.Knight and C.R.Friedman, eds. New York: International Universities Press, 1954, pp.351-364.

——(1951b), Sex Differences in the Play Configurations of Preadolescents. *Am.J.Orthopsychiat.*, 21: 667-692.

——(1953), Wholeness and Totality.In *Totalitarianism*,

Proceedings of a conference held at the American Academy of Arts and Sciences, March, 1953, C.J.Friedrich, ed.Cambridge: Harvard University Press, 1954.

——(1954), The Dream Specimen of Psychoanalysis. *J.Amer.Psa. Assoc.*, 2: 5–56, Also in *Psychoanalytic Psychiatry and Psychology: Clinical and Theoretical Papers*, Austen Riggs Center, Vol.I, R.P.Knight and C.R.Friedman, eds. New York: International Universities Press, 1954, pp.131–170

——(1955a), The syndrome of Identity Diffusion in Adolescents and Young Adults. In *Discussions on Child Development*, J.M.Tanner and B.Inhelder, eds.Vol.III of the Proceedings of the World Health Organization Study Group on the Psychobiological Development of the Child, Geneva, 1955. New York: International Universities Press, 1958, pp.133–154.

——(1955b), The Psychosocial Development of Children. In *Discussions on Child Development*, J.M.Tanner and B.Inhelder, eds.Vol. III of the Proceedings of the World Health Organization Study Group on the Psychobiological Development of the Child, Geneva, 1955. New York: International Universities Press, 1958, pp.169–188.

——(1956), Ego Identity and the Psychosocial Moratorium. In *New Perspectives for Research in Juvenile Delinquency*, H.L.witmer and R.Kosinsky, eds.U.S.Children's Bureau: Publication #356, pp.1–23.

——(1958a), *Young Man Luther, A Study in Psychoanalysis and History*. New York: Norton.

——(1958b), The Nature of Clinical Evidence.*Daedalus*, 87: 65–87.Also in *Evidence and Interference*, The First Hayden Colloquium. Cambridge: The Technology Press of M.I.T, 1958.

——(1958c), Identity and Uprootedness in our Time. Address at the Annual Meeting of the World Federation for Mental Health, Vienna.

——(1964), *Insight and Responsibility*.New York: Norton.

——(1968), *Identity: Youth and Crisis*.New York: Norton.

——(1969), *Gandhi's Truth*.New York: Norton.

——(1974), *Dimensions of a New Identity*. New York: Norton.

——(1975), *Life History and the Historical Moment*. New York: Norton.

——(1977), *Toys and Reasons*. New York: Norton.

——ed.(1978), *Adulthood*. New York: Norton.

——(in press), Elements of a Psychoanalytic Theory of Psychosocial Development. In *The Course of Life*, S.I.Greenspan and G.H.Pollock, eds.Adelphi, Md.: National Institute of Mental Health.

——and Erikson, K.(1957), The Confirmation of the Delinquent. *Chicago Review*, Winter, pp.15–23.

Erikson, K.T.(1957), Patient Role and Social Uncertainty—a Dilemma of the Mentally Ill.*Psychiatry*.20: 263–274.

Federn, P.(1927-1949), *Ego Psychology and the Psychoses*. New York: Basic Books, 1952.

Fenichel, O.(1945), *The Psychoanalytic Theory of Neurosis*. New York: Norton.

Freud, A.(1936), *The Ego and the Mechanisms of Defence*. New York: International Universities Press, 1946.

——(1945), Indications for Child Analysis.*The Psychoanalytic Study of the Child*, 1: 127-149. New York: International Universities Press.

——and Dann, S.(1951), An Experiment in Group Upbringing. *The Psychoanalytic Study of the Child*, 6: 127-168. New York: International Universities Press.

Freud, S.(1908), "Civilized" Sexual Morality and Modern Nervousness. *Collected papers*, 2: 76-99. London: Hogarth, 1948.

——(1914), On Narcissism: An Introduction.*Standard Edition*, 14: 73-102 London: Hogarth, 1957. New York: Norton.

——(1926), Ansprache an die Mitglieder des Vereins B'nai B'rith. *Gesammelte Werke*, 17: 49-53.London: Imago, 1941.

——(1932), *New Introductory Lectures on Psychoanalysis*.Lecture 31: The Anatomy of the Mental Personality. New York: Norton, 1933.

——(1938), *An Outline of Psychoanalysis*. New York: Norton, 1949.

Fromm-Reichmann, F.(1950), *Principles of Intensive Psychotherapy.* Chicago: University of Chicago Press.

Ginsburg, S.W.(1954), The Role of Work.*Samiksa*, 8: 1–13.

Hartmann, H.(1939), *Ego Psychology and the Problem of Adaption*.New York: International Universities Press, 1958. Also in *Organization and Pathology of Thought*, D.Rapaport, ed. New York: Columbia University Press: 1951.

——(1950), Comments on the Psychoanalytic Theory of the Ego. *The Psychoanalytic Study of the Child*, 5: 74–96. New York: International Universities Press.

——and Kris, E.(1945), The Genetic Approach in Psychoanalysis. *The Psychoanalytic Study of the Child*, 1: 11–30. New York: International Universities Press.

——, ——, and Loewenstein, R.M.(1951), Some Psychoanalytic Comments on "Culture and Personality." *In Psychoanalysis and Culture*, G.B.Wilbur and W.Muensterberger, eds. New York: International Universities Press, pp.3–31.

Hendrick, I.(1943), Work and the Pleasure Principle.*Psa.Quart.*, 12: 311–329

Jahoda, M.(1950), Toward a Social Psychology of Mental Health. In *Symposium on the Healthy Personality*, Supplement II; Problems of Infancy and Childhood, Transactions of Fourth Conference, March,

1950, M.J.E.Senn, ed. New York: Josiah Macy, Jr.Foundation.

James, W.(1896), The Will to Believe.*New World*, 5: 327-347.

Kinsey, A.C., Pomeroy, W.B., and Martin, C.E.(1948), *Sexual Behavior in the Human Male*. Philadelphia: Saunders.

Knight, R.P.(1953), Management and Psychotherapy of the Borderline Schizophrenic Patient.*Bull.Menninger Clin.*, 17: 139-150.Also in *Psychoanalytic Psychiatry and Psychology: Clinical and Theoretical Papers*, Austen Riggs Center, Vol.I, R.P.Knight and C.R.Friedman, eds. New York: International Universities Press, 1954, pp.110-122.

Kris, E.(1952), *Psychoanalytic Explorations in Art*. New York: International Universities Press.

Macfarlane, J.W.(1938), Studies in Child Guidance. I. Methodology of Data Collection and Organization. *Monogs. Society for Research in Child Development*, Vol.3, No.6.

Mannheim, K.(1949), *Utopia and Ideology*. New York: Harcourt, Brace.

Mead, G.H.(1934), *Mind, Self, and Society*. Chicago: University of Chicago Press.

Mead, M.(1949), *Male and Female*.New York: Morrow.

National Congress of Parents and Teachers(1958), *Breaking Through the Limiting Circle of Immaturity*.The Headquarters of the

National Congress of Parents and Teachers, 700 North Rush Street, Chicago。

Nunberg, H.(1931)The Synthetic Function of the Ego, *Int.J.Psa.*, 12: 123-140.Also in *Practice and Theory of Psychoanalysis*. New York: International Universities Press, 1955, pp.120-136.

Piers, G., and Singer, M.B.(1953), *Shame and Guilt*.New York: Norton.

Rapaport, D.(1953), Some Metapsychological Considerations Concerning Activity and Passivity.Two lectures given at the staff seminar of the Austen Riggs Center.Unpublished ms.

——(1957—1958), A History Survey of Psychoanalytic Ego Psychology. *Bulletin of the Philadelphia Association for Psychoanalysis*. 7/8: 105-120.

Riesman, D.(1950), *The Lonely Crowd*. New Haven: Yale University Press.

Schilder, P.(1930—1940), *Psychoanalysis, Man, and Society*. New York: Norton, 1951.

——(1934), *The Image and Appearance of the Human Body*. New York: International Universities Press, 1951.

Schwart, M.S., and Will, G.T.(1953), Low Morale and Mutual Withdrawal on a Mental Hospital Ward.*Psychiatry*, 16: 337-353.

Shaw, G.B.(1952), *Selected Prose*. New York: Dodd, Mead.

Spitz, R.A.(1945), Hospitalism. *The Psychoanalytic Study of the Child*, 1: 53-74. New York: International Universities Press.

Spock, B.(1945), *The Common Sense Book of Baby and Child Care*. New York: Duell, Sloan & Pearce.

Sullivan, H.S.(1946—1947), *The Interpersonal Theory of Psychiatry*. New York: Norton, 1953.

Zilboorg, G.(1944), Present Trends in Psychoanalytic Theory and Practice. *Bull.Menninger Clin.*, 8: 3-8.